100% 幸福無添加！

Healthy Homemade Snacks

肥丁手作點心

Contents

Part 1

水果類
{ Fruit }

留住時令一刻

　　水果新鮮吃最好，可惜當令水果保存期限短暫，有些情況不方便或不能吃新鮮水果，如冬天洗切水果的冰涼感讓人有些抗拒，或在辦公室不方便洗切又怕弄髒雙手，郊遊、登山或露營，水果保鮮也是麻煩事。

　　純天然手工製作，脫水的水果乾正是理想的小點心。將吃不完曬乾或醃製，即使錯過了水果當令時期，仍然可以品嚐心愛水果旳美味。製乾或漬醃的水果，同時兼顧營養與美味！省去切水果的麻煩，方便攜帶，一點都無負擔，更符合綠色風潮。

乾燥水果乾～百分百原味水果

以低溫長時間乾燥的水果乾，保留水果營養又方便食用，不添加任何額外成分，100% 原汁原味。甜味水果如蘋果、香蕉等滋味能完整封存在薄薄的果肉中。酸酸的奇異果，則沒有生吃般會弄痛舌頭。甜橙乾和檸檬乾圓圓的像個大金幣，做成聖誕新年掛飾喜氣洋洋，或切碎做麵包、餅乾或糖果的配料，或加入紅茶葉中，沖泡成水果茶也超級棒。

薄切草莓片

🕑 風乾時間：2 小時

草莓蒂部比較多農藥，清洗乾淨才去蒂，盡量切薄，乾燥後才會脆，鋪在風乾盤上，不重疊。草莓薄片完全乾燥後可研磨成草莓粉，做天然色素。

薄切蘋果

🕑 風乾時間：6 ～ 7 小時

蘋果洗淨，切半，用切片器能保持厚薄一致，放入大碗中。蘋果容易氧化，加入一大匙檸檬汁，每塊薄片都沾到檸檬汁，靜置 5 分鐘。排在鋪有烘紙的乾燥盤上，用小網篩篩入肉桂粉，不喜歡肉桂可省略。

薄切甜柿

🕑 風乾時間：6 ～ 7 小時

要選果肉厚實的，甜柿切半，用切片器能保持厚薄一致，甜柿不容易變黑，什麼都不用加，直接風乾就可以了。

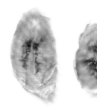
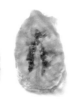

厚切香蕉

🕒 風乾時間：12 小時

薄片放入碗中，加入檸檬汁和清水，檸檬汁一定要蓋過香蕉薄片，靜置10～15分鐘，可防止香蕉氧化變黑，泡過水的香蕉片較柔軟，小心鋪在乾燥盤上，不要重疊，中途不用翻轉，薄片約6小時完成乾燥，厚片約12小時或以上，乾燥至你喜歡的口感。

 香蕉要選剛剛成熟的，太熟容易發黑和軟爛，出現梅花黑點就不適合製乾。香蕉水分較多，可放進冷凍庫冰10分鐘，硬一點較好切。

薄切甜橙／檸檬

🕒 風乾時間：12～15 小時

甜橙和檸檬切半，用鋒利的刀切成0.3cm 的薄片，越薄乾燥時間越快。

厚切奇異果

🕒 風乾時間：15 小時

奇異果切厚片，厚片嚼勁較好。鋪在乾燥盤上，不重疊，中途不用翻轉，乾燥至你喜歡的口感。

厚切蜜瓜片／哈蜜瓜片

🕐 風乾時間：14 ～ 16 小時

哈蜜瓜切成約 0.6cm 厚片，不完全脫水的厚片口感比較像軟糖。

薄切紅肉火龍果片

🕐 風乾時間：16 小時

切半，去皮，盡量切薄。薄片完全乾燥後可研磨成火龍果粉，做天然色素。

水果乾的營養、顏色和口感

　　水果片越薄越脆，越厚越有嚼勁。低溫烘乾對於水果中的維生素和酵素的破壞較小，水果酵素在 42℃～ 70℃度會死亡，維生素 C 在 60℃以上會被破壞，所以乾燥的溫度適合在 40℃～ 50℃之間。

　　無添加任何物質的新鮮水果乾，顏色變暗沉屬於正常。市售有些脫水蔬果並非熱風乾燥而是低溫脫水製成，不會出現變色問題，不過機器成本相差很多。家用乾燥機用熱風加熱，水果氧化較快，蘋果、香蕉可用酸性的果汁，如檸檬汁、百香果汁漬醃 10 ～ 15 分鐘，延緩變黑。

　　另外，乾燥當天的相對濕度和溫度直接影響乾燥速度，濕度越高，乾燥速度越慢。每台乾燥機的溫度調節和機能有差異，建議時間只做為參考。

賞味期

　　最佳賞味期約 75 天，放入夾鏈袋冷藏。

小叮嚀

　　即使是水果乾，一樣能攝取膳食纖維及維生素。每天適合進食約平時水果量的一半，吃了水果乾就不應再吃等量的水果了。

　　水果乾脫水後甜度相當高，熱量也高，由於體積小，容易一口接一口吃完一整包，不宜單獨以果乾類為點心，最好搭配其他食物。水果乾含有果糖天然甜味，可取代精製白砂糖，如加入麥片、優格一起吃，有飽足感又不會過量。

低糖蔓越莓乾
甜酸的北美紅寶石

[🌰材料] 😊低糖

新鮮蔓越莓..............200g
Demerara 原蔗糖或二砂
糖..............................60g

蔓越莓又叫小紅莓，有美白和抑製細菌的功效，本身酸澀味濃重，市售的蔓越莓乾會加入大量的糖來調味。自己製作可用較少精煉的糖，並調整糖的份量。

蔓越莓乾很耐放，可以單吃，也適合製作麵包、鬆餅、蛋糕。

1

蔓越莓用刀割開一個刀口，但不要切半。

2

加入原蔗糖拌勻後，放入密封容器，存放於冰箱漬醃 1～2 天出水，糖完全溶化。

3

蔓越莓平鋪在烘焙紙上，以 45℃ 低溫烘乾約 2 小時。乾燥的程度可依自己喜好，完全乾透口感較差。

⏱ 賞味期：
用烘焙紙包好放入保鮮袋，冰箱冷藏 1～2 個月。
20℃ 以下，可室溫保存約 2～3 週。

✔小叮嚀
大部分市售的蔓越莓乾加油防黏，自己做的就不用加了。醃漬出水的紅莓糖漿，可保留備用沖調飲料。

葡萄乾
肉軟清甜
營養豐富

乾燥的天氣，最適合製作葡萄乾了。比糖果更健康的純天然零食，又是烘焙的好材料。可惜市售葡萄乾加油防黏和使色澤更好，使原本的天然產品滲了雜質。自然乾燥而成的葡萄乾，完整呈現的天然風味，讓你享用美味無負擔！

不加糖、油

[🍋 材料]

無核珍珠葡萄 1800g

（可製作約 700g）

⏱ 賞味期：

葡萄乾的含水量只有 15 ～ 25%，果糖高達 60%，非常甜。冰箱可保存半年以上，久放會產生糖結晶和變酸，可以食用，但味道不好。

✔ 小叮嚀

▪ 珍珠葡萄又稱香檳葡萄，細小無核，大顆葡萄體積太大，要很長時間才能烘乾。
▪ 葡萄乾適合陰乾，曝曬太陽會使葡萄乾產生酸味。
▪ 天然乾燥只適合在天氣乾燥或長期開暖氣的環境下進行，放在通風處乾燥需時約一週或以上。若天氣潮濕，葡萄在室溫放幾天便會變壞。

1　珍珠葡萄用流水洗淨，去蒂，把壞的葡萄挑出來，放入乾燥機前先用風扇把葡萄吹乾，縮減乾燥時間。

2　乾燥機烤盤上鋪上烘培紙，放上珍珠葡萄，盡量不重疊。

3　45℃ 乾燥 8 小時，然後再以 70℃ 再乾燥約 8 小時，葡萄體積縮小但未完全脫水。

4　裝入盒子裡，不加蓋，送進冰箱再吸乾水分，會變得非常好吃。

無糖鳳梨乾花
清新脫俗的甜點裝飾

宛如一朵朵盛放的太陽花,薄薄的四周吃起來甜酸酥脆,中心有嚼勁,為杯子蛋糕、冰淇淋畫龍點睛。不加糖,只要有烤箱和馬芬烤模,在家也可以輕鬆做。

[材料]

新鮮鳳梨 .... 1 顆

(可製作約 40g)

⏱ 賞味期:

將食用防潮包放入密封容器,室溫保存約 2 ～ 3 天。冰箱可保存約 3 ～ 4 個月。鳳梨乾花長時間接觸空氣,容易回潮軟塌,送回烤乾 15 分鐘就會變脆。

✔ 小叮嚀

挑選成熟體形小的金鑽鳳梨,味道更好。馬芬烤模最好是鳳梨片直徑的一半。

如何切鳳梨

1

鳳梨去皮,去釘(台灣鳳梨沒有「釘」),用切片器切出厚薄一致約 0.3cm 的鳳梨薄片,越薄越好,否則烘烤時很難彎曲。

2

鳳梨薄片放在鋪有烤盤布的烤盤上,以 100℃ 烤 20 分鐘,鳳梨片烤軟,體積縮小約 1/3。

3

將烤軟的鳳梨片轉移到馬芬烤模中,100℃ 烤 25 ～ 30 分鐘,邊緣較薄部分會先烤成焦色,自然彎曲。不時檢查,防止鳳梨花烤焦。

4

鳳梨片水分完全乾燥後變脆,自動定形,等放涼即完成。

低溫烘培芒果乾
愛情之果的甜酸滋味

芒果乾益胃益眼降膽固醇。沒有加入添加劑作硬化處理，自己加工的芒果乾果肉較軟，低溫烘烤鎖住原色原味，果味清香，質感紮實，無色素和防腐劑，糖量可以自己調整。

[🍋 材料]

芒果..........................450g
Demerara 原蔗糖或二砂
糖..............................30g
蜂蜜 ....1 大匙
檸檬汁 ....1 大匙

⏱ 賞味期：
用烘焙紙包好，放入保鮮袋，冰箱存放約 1 個月。

✓ 小叮嚀

• 芒果品種和品質直接影響芒果乾質量，愛文芒果、呂宋芒或蘋果芒都適合。芒果不宜太熟，肉質要肥厚，細緻挺實，纖維少。
• 若以日照曬乾需要 1～2 天，罩上紗網防止小蟲，沒太陽時收起來放入冰箱。潮濕或下雨天不宜製作。

1
芒果去皮，把果肉切成約 0.5 ～ 1cm 的厚片，果肉保留一點厚度，乾燥後口感才好。

2
混合蜂蜜及檸檬汁，攪拌至蜂蜜溶化，倒入芒果肉裡，加入原蔗糖，拌勻，放入密封玻璃容器中，存放冰箱漬醃 1 ～ 2 天。

3
把芒果片平鋪在烘架上，互不重疊，放入烤箱中，以 45℃ 低溫烘 6 ～ 8 小時。

4
每 2 小時翻面，乾燥程度依個人喜好調整，若完全乾透，口感較差。

洛神花蜜餞
季節限定的開胃零嘴

[🌀材料]　　　　　　　低糖

新鮮洛神花...............300g
海鹽.....................1 小匙
Demerara 原蔗糖或二砂
糖.......................80g
檸檬汁 .. 適量（選擇性加入）

新鮮洛神花不耐存放，做成蜜餞果形漂亮，甜酸又爽脆。傳統方法須加入大量的糖才能中和酸味。若先用鹽醃，讓酸中帶甜的味道再豐富一點，就可減少糖漬的份量。

1

洛神花用流水沖洗乾淨，瀝乾。

2

洛神花尾部切一刀，約 0.3cm，用拇指將種子由後方往前推出，得到完整花萼。

3

洛神花與海鹽拌勻，靜置 3 ～ 4 小時出水，把醃出來的紅色汁液倒去。

4

以沸水燙泡洛神花約 30 秒，不能泡太久，否則花肉不爽脆。

5

撈起洛神花，移到冰水中至完全冷卻，撈起瀝乾，用廚房紙擦乾。

6

洛神花放入消毒好的玻璃瓶內，一層洛神花一層糖，加少許檸檬汁。蓋好，室溫蜜漬 3 天，每天搖晃一下，讓汁液均勻沾到所有洛神花，防止發霉。

⏱ 賞味期：
完成後放冰箱冷藏保存 1 ～ 2 個月。

✔小叮嚀

洛神花降血壓，孕媽咪、體質虛弱的女生不宜。

草莓軟糖卷
濃縮天然果香滿點

以新鮮水果汁低溫烘乾而成,通稱為 Fruit Leather 或 Fruit Roll-Ups。選果膠豐富的水果如芒果、藍莓,就很適合製作。加入檸檬汁,有助釋出果膠,增加軟糖的 Q 度,還可發揮創意混合多種水果做不同的口味,甜度、糖的種類可自己調整。

[🍋 材料]

不含人工色素

(可製作約 8 根)

新鮮草莓..................300g

蜂蜜.......................1 大匙

檸檬汁...................1 大匙

ps:芒果口味,可以用新鮮芒果 400g 取代

1
草莓切小丁,切去較多農藥的蒂部。加入蜂蜜和檸檬汁,攪拌均勻,室溫醃漬約 30 分鐘。

2
用果汁機打成果泥,小火熬煮10 ~ 15 分鐘,蒸發部分水分,撈去浮沫。

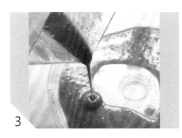

3
果泥倒入乾燥機的塑膠製無孔烤盤,輕搖烤盤讓果汁均勻分布,果汁厚約 0.3 ~ 0.5cm,70℃約6 小時。

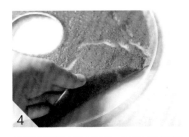

4
用手觸摸軟糖表面,不黏手沒潮溼感,便是完成,若邊緣烘透中間還沒好,再烘 30 分鐘。整片撕下來。

5
底部黏的一面貼在烘焙紙上,剪裁成喜歡的形狀。

6
連同烘焙紙一起捲成條狀,不黏手又衛生方便攜帶。

⏱ 賞味期:
軟糖卷放入保鮮袋,冰箱保存約 1 週。

✔ 小叮嚀
▪ 果汁煮過然後烘乾,軟糖卷較不容易裂開,但不是必須的,有些水果加熱會變色。糖的種類和份量可自己調整,砂糖、蜂蜜、麥芽糖都可以。蜂蜜容易引起過敏,3 歲以下的寶寶,砂糖或麥芽糖較為適合。
▪ 乾燥一定要低溫,食物乾燥機製作最理想。烤箱發熱線直射,較易烤焦,若以烤箱製作,烤盤要鋪烘焙紙,不時打開烤箱門散去水氣,溫度相同,乾燥時間依果泥厚薄而定。

西瓜冰棒
天然果肉超逼真

西瓜沙沙甜甜超多水分，火辣辣的天然紅，是非常引人注目的天然色素。瓜皮與果肉之間的白色部分，用潔白的椰漿做出的層次感最好。瓜皮用與西瓜甜味搭配的奇異果泥，葡萄乾嵌進西瓜冰裡伴裝西瓜籽，三層口感，好看又好吃。

[🍉 材料]

不含人工色素

（份量可製作 6 根，每根容量約 80ml）

【模具】

日本製 Quick Candy Maker

【紅色】

新鮮西瓜汁 300g
楓糖漿 / 蜂蜜 3～6 大匙
（甜味可自己斟酌，不加糖可省略）
岩鹽 ....適量
新鮮檸檬汁 ....1 大匙

【白色】

椰漿 ....6 大匙
（牛奶、豆奶都可以）
楓糖漿 ....2 小匙

（椰漿本身沒甜味，只想吃椰子味，可以不加糖）
岩鹽 ....適量
（提升椰漿的鮮味，如用牛奶、豆奶不用加）

【綠色】

奇異果 ....1～2 顆
楓糖漿 / 蜂蜜 ....2 大匙
新鮮檸檬汁 ....1 大匙

【西瓜籽】

葡萄乾 ....約 30 顆
（每支 3～4 顆）

1

西瓜肉切丁，加入楓糖漿，少許鹽及鮮榨檸檬汁，用手提攪拌棒打成西瓜汁，再用網篩過濾西瓜籽。

2

西瓜汁倒入漏嘴量杯裡，再從冰棒模的正中央倒入約 2/3 滿，若果汁沾上模壁，先冷凍一會，再用沾濕的廚房紙巾擦乾淨，果汁不沾模壁，冰棒外觀才會漂亮。

3

蓋好冰棒模蓋，放入木棍，冷凍約 3～4 小時。

4

待紅色部分結成冰，小心打開模蓋，貼著模壁放入葡萄乾，每支約 3～4 顆，用木棍下推葡萄乾，以便嵌進西瓜冰裡。

5

倒入約 1cm 厚的椰漿，如沾上模壁要擦乾淨，不加蓋，冷凍約 45 分鐘。

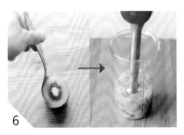

6

奇異果切半，用湯匙刮出果肉，加入檸檬汁和糖，打成果泥，放進冰箱冷藏備用。不要打碎奇異果籽，否則果籽會釋出暗藍色。

7

椰漿結冰後，倒入奇異果泥，加蓋，冷凍約 30～45 分鐘。

8

吃的時候脫膜，將模具泡入溫水約 10～15 秒，外層退冰，有分離現象，就可以輕易脫離。溫水不可泡太久，否則冰棒會全部溶回液體。

✔小叮嚀

▪ 製冰棒要食用級的專用木棍，別買成手工用木棍。可用紙杯取代冰棒模，冷凍後撕掉即可。

▪ 每一層果汁一定要冷凍成冰，才能倒入下一層，否則液體之間互相滲透混合，無法形成分明的層次。

▪ 冷凍庫裡存放東西越多，製冷速度越慢。冰箱溫度下轉至最低，清理讓出空間，或預先製好冰塊包圍冰棒模具，使模具直接受冷，可加快冷凍速度。

Part 2

蔬菜類
{ Vegetables }

田園小清新

　　在蔬菜供應充足時，新鮮自然是最好的選擇。然而有些特殊情況下，如沒時間做菜、野餐、遠足或旅遊，難以保持蔬菜的供應，此時蔬菜零食是個不錯的選擇。一些蔬菜乾製後入菜風味獨特，換換口味，給味蕾帶來嶄新的感受。

　　蔬菜零食並不是只有洋芋片！地瓜、香芋、甜菜根等吃起來也很解嘴饞，完全取代吃洋芋片的欲望。製乾後的蔬菜，做成不適合微生物生存的條件，達到防腐的效果，可延長賞味期，方便攜帶。不過市售的蔬菜片多以油炸處理，脂肪含量甚高，吃了反而增加身體負擔。

免炸薄油
烤蔬菜片

輕盈蔬食好安心

咬起卡滋卡滋、鹹香脆口的洋芋片，經過高溫油炸，容易對身體造成負擔。其實地瓜、芋頭、甜菜根這些根莖類蔬菜，營養豐富，烤脆後味道也很棒！切薄片，洗掉附著的澱粉質，熱量更低，不油炸，不上火！

[🍋 材料]

露莎波本馬鈴薯／黃色或
紫色地瓜／芋頭／甜菜根
.... 各 140g

[🧂 調味料]

（一種蔬菜的份量）

油..........................1 大匙

有機蘋果醋.............1 大匙
（甜菜根則用義大利黑醋取代）

岩鹽..........................適量

黑胡椒粉..................適量

1

馬鈴薯、地瓜、芋頭用流水清洗，
用刷子將表面的泥土刷洗乾淨；
甜菜根去葉莖，在流水下，用刷
子將表面的泥土刷洗乾淨。

2

去皮，用切片器切成厚薄一致的
薄圓片。

3

馬鈴薯、地瓜、芋頭、甜菜根分
別放入幾個大碗中，加入少許
鹽，等出水 15 ～ 20 分鐘後，倒
掉出水。

4

蔬菜片用清水浸泡 20 分鐘，洗
去多餘的澱粉質，就會變得彎彎
曲曲。

5

放在廚房紙巾上吸乾水分，馬鈴
薯、地瓜、芋頭片混合蘋果醋，
均勻沾上薄片，再塗上一層薄油。
甜菜根片混合義大利黑醋與蜂蜜。

6

塗上一層薄油。平鋪在已放有烤
盤布的烤盤上，不要重疊。

7

烤箱預熱至 160℃。將蔬菜片送
進烤箱，以 150℃烤 5 分鐘，油
脂發出劈啪的聲音，薄片開始收
縮，降溫至 100℃～ 110℃，再
烤 20 ～ 25 分鐘。用手捏感覺薄
片變硬，放在網架上待涼，涼透
的薄片很脆。

⏱ 賞味期：

蔬菜片冷卻後，立即放入密
封容器保存，室溫保存約
3 ～ 4 天。若蔬菜片受潮變
軟，可放入烤箱以 90℃回
烤 5 ～ 10 分鐘。

✔小叮嚀

▪ 高溫下馬鈴薯片烤脆至變焦
的過程非常快，快烤好時要在
旁觀察。每個烤箱環境和溫度
有所差異，即時調整溫度和時
間。

▪ 甜菜根色素對光和熱敏感，
為免薄片變色，烘烤時可蓋上
鋁箔紙。

羽衣甘藍脆片
口感像紫菜的超級零食

羽衣甘藍屬十字花科蔬菜，近年被視為大熱門的超級食物，被西方喻為「抗癌恩物」。可以生吃做沙拉菜，最流行的吃法是烤成脆片，入口「沙沙脆」的清爽口感像紫菜，卡路里比洋芋片低。不過這種蔬菜並不是吃很多就不會患癌症，健康飲食多元化才是王道。

[🍋 材料]

（可以烤兩盤）

新鮮羽衣甘藍........一大束

初榨橄欖油............2 大匙

[🧂 調味料]

自製蒜粉（見 P.155）
..........................1/2 小匙

自製洋蔥粉........1/2 小匙

紅甜椒粉 Paprika 1/2 小匙

岩鹽......................適量

⏱ 賞味期：
▪ 放保鮮袋密封保存，若回潮變軟，100℃回烤 10 分鐘，烘乾水氣就會變脆。
▪ 羽衣甘藍可向有機農莊或有機店查詢購買。

1
分離羽衣甘藍的莖和葉，一手抓住葉柄，一手抓住葉子，稍微用力一扯，就能輕易分離莖葉。把較粗的葉脈撕掉，烤好會更脆。莖可以切丁留起來做沙拉，或打果汁。

2
葉用流水沖洗乾淨，徹底瀝乾水分，用棉巾或廚房紙巾吸乾葉面的水分，葉片表面沒有水分才容易烤脆。

3
烤箱預熱至 140℃。葉片放入大碗中，加入油，用雙手輕輕按摩，讓所有葉片的兩面沾滿油，加入蒜粉、洋蔥粉、紅甜椒粉及岩鹽調味。

4
平鋪在烤盤上，葉片之間不重疊，放進烤箱 140℃烤 10 分鐘。取出，烤盤旋轉 180 度，再進烤箱，降溫至 130℃烤 5～8 分鐘，葉片變枯葉色，烤至香脆，一捏即碎，即可享用。脆片容易回潮，即烤即吃最香脆可口。

無糖地瓜乾
耐心烘乾十足原味

香甜的地瓜乾，韌韌的帶著嚼勁，吃起來停不了口，是肥丁非常喜歡的天然零食之一。利用烤箱，重複蒸熟烤乾，使地瓜的纖維逐漸變軟，口感會更好。不添加糖和色素，原味十足，越嚼越有滋味。

[🍊 材料]

黃色地瓜............1～2個

1

地瓜洗淨，放入電鍋中隔水蒸熟20分鐘。

2

稍放涼後，去皮，切成約1cm粗條或切片都可以，條狀比片狀快乾。

🕐 賞味期：

用保鮮袋包好放進冰箱可保存2～3個月。冰箱會把地瓜乾的水分抽乾，回鍋蒸軟即可享用。

3

製乾方式可分成三種：
①烤箱：放入 40℃的烤箱烤 3～4 小時，取出放涼，放進冰箱半天可再抽乾水分。
②太陽曬乾：放在陽光下照射，偶爾要翻轉換換位置，需要 3～4 天。
③暖氣：放在暖爐上或放近的位置 10～12 小時，抽乾水分亦可。

4

如喜歡更好品質的地瓜乾，把乾燥的地瓜放回電鍋中蒸 15 分鐘，再烘乾一次，重覆 3～4 次，就可得到更軟的口感。

✔小叮嚀

乾燥程度視乎溫度和濕度，秋冬天氣乾燥，最適合在持續天氣晴朗的日子製作。

玉米脆片
展開充滿活力的一天

大人和小朋友都喜歡的方便早餐，用新鮮玉米加入玉米粉、玉米麵粉等試著實驗自製玉米片，淡淡的玉米味，薄薄鬆脆，成品雖然不是百分百和市售的一樣，但配搭水果乾、牛奶或豆漿，照樣飽腹又滿足。

[🍋 材料]

（份量約 110g）

新鮮玉米粒	60g
石磨幼粒玉米麵粉	35g
玉米粉	10g
低筋麵粉	5g
Demerara 原蔗糖	5g
岩鹽	1/2 小匙
初榨橄欖油	1 大匙
熱水	2 大匙

☺ 不油炸

1
玉米蒸熟，刨粒，加入熱水，用手提攪拌機打成玉米泥。

2
石磨玉米麵粉、低筋麵粉、玉米粉、糖、鹽及油放入大碗中攪拌混合，加入玉米泥，用刮刀攪拌成濕潤的麵糰，麵糰分成 4 份。

3
烤箱預熱至 170℃。取一份麵糰放在烤盤布上，塑成長方形，鋪上另一塊烤盤布，用擀麵棍推開，越薄越脆，烘烤的時間亦越短。

4
連同覆蓋的烤盤布一起放進烤箱。160℃烤 4 分鐘，取出，便能輕易掀起烤盤布。

5
送回烤箱降溫 160℃再烤 4 分鐘，玉米片邊緣開始捲起，翻面，降溫至 100℃再烤 3 ～ 4 分鐘。

6
玉米片烤至微黃色，關掉烤箱，玉米片的水分進一步蒸發。放涼後會變得更脆，用手掰成小塊。

🎩 肥丁小教室

【石磨幼粒玉米麵粉】

配方裡的兩種玉米粉，由不同方法提煉。購買時最好認識英文名稱。玉米粉是由玉米提煉的白色「澱粉」，在英國及澳洲稱為 Cornflour；美國稱為 Corn Starch，沒有玉米味，加水煮熟後凝結成濃稠的效果，常用於勾芡。

玉米麵粉 Corn Meal 由乾燥的原顆玉米磨成，保留殼、胚芽、香味和營養，這裡用最幼細的石磨玉米麵粉。

⏱ 賞味期：
做好放進密封的保鮮袋中，室溫可存放 3 ～ 4 天

[🍋 材料]

有機爆裂種玉米粒....200g
榛子油（任何植物油或堅
果油） .... 1～2 大匙

[🧂 調味料]

奶油焦糖
無鹽奶油.....................80g
楓糖漿 40g
岩鹽 ....1/4 小匙
香草精 ....1/4 小匙

素食焦糖
杏仁堅果醬...............120g
有機冷壓椰子油 30g
楓糖漿 70g
天然香草精(P.154)
............................1/4 小匙
岩鹽 ....少許

[🍲 鍋具]

24cm 連玻璃蓋不鏽鋼鍋，
玻璃鍋蓋較容易觀察鍋中
情況

有機焦糖爆米花
香甜鬆脆手工現爆

看電影配上一桶爆米花，真是一種享受。利用空氣爆米花，熱
量少很多，包裹上一層脆脆的焦糖衣，不需要特別的爆米花機，
幾分鐘搞定，香氣很快溢滿室內。

爆玉米粒

1

玉米粒放入有深度的杯子裡，搖
晃一下，沉澱到底部的玉米粒較
不容易爆開，用湯勺舀出上面的
玉米粒，沉在杯底的一層棄掉。
鍋中倒入油，小火加熱，油開始
冒白煙，加入爆米花，蓋上鍋蓋，
搖晃鍋子避免玉米粒烤焦，均勻
裹上油，讓鍋內的溫度持續上升。

2

轉至小火，加熱 3 ～ 5 分鐘後，
玉米粒開始嗶嗶啵啵爆起來，直
至爆完約 5 ～ 10 分鐘，時間視
乎爐具的火力、玉米粒數量和品
質，期間切記不要因為好奇打開
鍋蓋，鍋內溫度不足，玉米粒不
會爆開。

3

觀察鍋內的情況，玉米粒爆響音
停止即完成，離火，取出，加入
焦糖醬混合即可享用。

素食焦糖口味

1

鍋裡放入堅果醬、椰子油、楓糖漿、岩鹽及香草精。

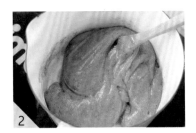

2

小火加熱,慢慢把濃稠的材料攪拌變軟,充分混合至醬料不黏鍋底,離火。

3

加入爆好的爆米花,均勻沾上堅果醬即可享用。

奶油焦糖口味

1

無鹽奶油室溫軟化,若冰奶油和室溫楓糖漿混合,溫差太大容易油水分離。

2

小鍋裡加入奶油、楓糖漿,小火慢慢加熱,用木勺攪拌,邊融化邊混合。火力一定要很小很小,否則容易油水分離。奶油融化後很容易焦鍋,請守在爐邊小心觀察。

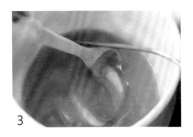

3

若出現油水分離,離火一會,稍待降溫,用木勺攪拌一下,又會再度融合,若焦糖溫度超過100℃,冷卻後凝固變硬,便很難再攪拌溶合了。

4

焦糖小火加熱到 80℃,糖和油均勻混合煮至冒出白煙,基本上就煮好了,焦糖溫度越高,冷卻後越脆硬。加入鹽和香草精,拌勻,趁熱淋在已爆開的爆米花上,拌勻,即可享用。

⏱ 賞味期:
爆米花現做現吃,放入保鮮袋或保鮮盒可保存 1～2 天,若受潮變軟,放進烤箱 80℃～100℃回烤 10 分鐘。

✔小叮嚀

焦糖醬放涼後會變硬,先做好爆米花,放入烤箱內 80℃ 保持溫暖,然後立即做醬,加入拌勻。

肥丁小教室

【爆裂種玉米】

　　能夠製作成爆米花的玉米種籽,必須是爆裂種玉米。如果種籽存放太久,過度乾燥,水分含量太低時,就不會爆裂。

Part 3

肉類・海鮮
{Meat & Seafood}

新鮮解饞好滋味

　　還沒到正餐又餓了，肉類零食就成了止餓的神器，隨時滿足想吃燒烤的味蕾，飽腹熱量也比較低。肉類海鮮含有豐富蛋白質、胺基酸、鐵、鋅等營養，是其他零食所不及的。對於無肉不歡的朋友來說，品嚐製成零食的肉類和海鮮，又是另外一番風味。

　　市面上雖然有各式各樣方便的現成肉製品，食材來源是否新鮮？製作環境是否衛生？肉品保存原是人類的生活智慧，加上各式現代家庭電器和廚具的輔助，只要懂配方流程，就能輕鬆搞定。天然，沒有過度調味，美味又安心。

蜜汁豬肉乾
天然醬色燻香誘人

在家烤製豬肉乾原來滿輕鬆的，不用擔心吃到防腐劑和味精，又經濟實惠。新鮮梅花肉攪碎→調味→擀薄→烘烤，細心看顧烤箱溫度，別讓肉乾烤焦就行了，調味料和厚薄就隨你喜歡。

[🍋 材料]（份量 12 塊）

梅花豬絞肉.............300g
釀造醬油..1 大匙＋1 小匙
越南魚露.................1 小匙
玫瑰露 ....1 大匙
Demerara 原蔗糖或二砂
糖...........................20g
古法麥芽糖.............1 小匙
白胡椒粉 & 白芝麻....適量
蜂蜜 ....1 小匙

1

混合釀造醬油、魚露、原蔗糖、麥芽糖。隔熱水融化麥芽糖醬料至完全混合。

2

醃料加入豬絞肉，加入白胡椒粉及玫瑰露，用筷子朝一個方向攪拌3～5分鐘，豬肉攪拌至起膠不再黏在碗上即可。蓋上保鮮膜送進冰箱醃2～3小時，醃過夜更入味。

3

烤盤上鋪上鋁箔紙。150 g 的豬肉放在烤盤布上，蓋上一層保鮮膜，用擀麵棍擀平至厚薄均勻，拿掉保鮮膜，將烤盤布移到烤盤上。

4

烤箱預熱至 150℃，送入烤箱 15分鐘，若盤中有肉汁則倒去。

5

兩面均勻塗抹上蜂蜜，並撒上白芝麻。

6

再入烤箱降溫至 140℃，繼續烤10 分鐘，肉乾縮小約一半，肉片結實，傳出香氣即完成。放涼後，將烤焦的邊緣剪去，剪成長方形狀，即可享用。

⏱ 賞味期：
用保鮮袋包好，冰箱保存約1 週，食用時用烤箱加熱。

✔小叮嚀

▪ 肥肉的比例影響肉乾質感，肥肉越少越乾柴。
▪ 豬絞肉操作時最好保持在12℃，即冰涼的狀態，做出來肉乾口感才好。
▪ 肉乾水分烤乾後很易烤焦，第二次送入烤箱後，要在旁觀察肉乾的情況。不同烤箱和環境有所差異，溫度和時間要自己調整。

👨‍🍳 肥丁小教室 ....

【魚露 Fish Sauce】

　　以海魚加入食鹽發酵，在各種微生物繁殖時分泌酶的作用下，釀造出來的美味液體。是東南亞料理常用的調味料之一。泰國魚露較鹹和氣味較嗆鼻，肥丁愛用越南富國出產標示度數的魚露，度數越高味道越醇。

33

豬肉鬆
香酥好吃無添加

熬湯後的豬肉很柴,不吃又覺得浪費,拆絲炒香,完全不用加油,慢火烘烤成酥酥脆脆豬肉鬆,容易消化,保證新鮮又沒有添加物。分兩次加入調味料燜肉,可防止肉質表面過鹹,讓調味料均勻滲入肉質纖維中,以免肉絲的顏色過深。

[🍋材料]（份量約 50g）

瘦豬後腿肉...............500g

[🧂調味料]

【第 1 次燜煮】

蔥............................. 1 棵

薄切薑片.............6～7 片

米酒.......................1 大匙

釀造醬油.................1 小匙

味醂.......................1 大匙

冷水.......................500ml

【第 2 次燜煮】

釀造醬油.................1 大匙

Demerara 原蔗糖或二砂

糖.............................1 小匙

五香粉 .... 1/4 小匙

熱水.......................250ml

1

豬肉切成約 3～4cm 的方塊。

2

放入冷水中，中火加熱煮沸，燙去血水，5 分鐘後豬肉全熟，撈起洗淨。熬過湯已熟的瘦肉可省略出血水的步驟。

3

蔥切段。小鍋裡加入豬肉、薑片、蔥及 500ml 冷水，大火煮滾，加入米酒、醬油、味醂。轉至小火燜煮 30 分鐘。

4

待湯汁差不多收乾，撈起薑片和蔥，加入 250ml 熱水、五香粉、原蔗糖及醬油，加蓋以小火燜煮約 20 分鐘，若水煮乾了再添少許熱水。

5

用叉子將燜好的豬肉搗鬆成粗肉絲，以最小火翻炒 15～20 分鐘。

6

豬肉的水分烘乾後會慢慢散開變鬆酥，色澤變為褐色，冷卻後涼乾，即可享用。

⏱ 賞味期：

保存於密封的瓶罐中，室溫約 1 週。肉鬆越乾燥，賞味期越長。

✔小叮嚀

▪ 若覺得炒肉鬆太累，先將豬肉搗散，放入麵包機，啟動果醬模式烘攪，由於溫度和時間是預設的，需要從旁觀察，以免炒過頭。

▪ 炒肉鬆需要耐心，火力不能大，鍋子溫度若是太高，肉鬆容易炒焦，適時熄火利用餘溫繼續烘乾肉絲，鍋冷卻後再開火烤，肉鬆比較不上火。

安格斯骰子牛肉丁
一口一丁吮指回味

[🥘材料]（份量約 300g）

安格斯牛肉丁 600g

釀造醬油 ....2 小匙

越南魚露 ....2 小匙

Demerara 原蔗糖或二砂糖

.............................2 大匙

咖哩粉 ....1 小匙

紅甜椒粉 Paprika 1/2 小匙

薄切薑片 ....5 片

蔥 ....1 棵

米酒 ....1 大匙

牛肉乾有各種形狀。切片咬起來紮實有嚼勁，吃得過癮。切丁讓調味料快速入味，縮短製作時間，容易控制食量。可上菜或拌沙拉吃，也可以當小零食。

1

把牛肉丁放入冷水中，水要蓋過牛肉，小火加熱，慢慢煮滾去掉血水，撇去浮沫。加入薑、蔥及酒，小火煮 10 分鐘。如買了一大塊新鮮牛肉，先放入冰箱 10 分鐘，變硬較容易切成厚度大小一致的牛肉丁。

2

用網篩過濾血水，取出牛肉丁。瀝乾水分後把牛肉丁放入大碗中。

3

依序加入醬油、魚露、糖、咖哩粉、紅甜椒粉，混合混勻。放入冰箱醃製約 2 小時或過夜。

4

牛肉丁排在鋪有烤盤布的烤盤上。送入烤箱 100℃烘烤約 30 分鐘。

5

牛肉丁稍微收縮，表面乾燥就差不多了，翻面，再烤 10 分鐘，就完成了。剛烤好的牛肉丁較乾硬，取出放涼回潮，肉質便會稍微回復鬆軟，嚼勁更好。

⏳賞味期：

牛肉丁用保鮮袋包好放冰箱保存 2～3 天，食用時回烤把濕氣烤乾。

✔小叮嚀

▪ 肉片水分越小越硬，烤乾的程度可依個人喜好調整，下鍋炒乾都行。

▪ 牛肉不要煮太長時間，否則牛肉丁容易鬆散。

▪ 咖哩粉可以選購市售的，也可自行搭配香料，調配自己喜歡的味道。

鮭魚鬆
營養美味都兼顧

[🍋材料]（份量約 90g）

新鮮鮭魚....................300g

自製鹽麴 3 大匙（見 P.155）

日本赤味噌............1 大匙

Demerara 原蔗糖或二砂

糖............................2 小匙

米酒............................適量

白糊椒粉....................適量

鮭魚容易消化，營養又好吃，適合孩子和年長者。可惜市售肉鬆製作過程添加過多的油、糖、鹽等調味料。把鮭魚烤熟後去骨炒成魚鬆，真是再簡單不過了，用麵包機炒更加輕鬆了。魚鬆吃法多變，可以做飯糰、三明治、湯頭，加入芝麻和海苔更美味。

1

混合鹽麴、赤味噌、糖、白酒及白胡椒粉，把調味醬均勻塗抹在鮭魚上，放進冰箱醃 1 小時。

2

烤箱預熱至 160℃，鮭魚送進烤箱，烤 6～8 分鐘，表面有油跑出來就是熟了，別烤太久，會上火。

3

用大匙刮出魚肉，放在網篩上，網篩下放大碗盛載滴下的魚油。把細骨挑出來。用叉子壓散魚肉，盡量榨出魚油。魚肉壓得越散，炒出來的魚鬆越鬆綿。

4

鮭魚肉放入麵包機的烤箱內，設定「果醬模式」，蓋好，每相隔 20 分鐘用橡皮刮刀把黏在烤箱壁上的魚肉刮下來，防止烤焦。

5

一開始用麵包機炒，鮭魚水分多，可能要 2～3 次設定才能炒到鬆酥，中途可用橡皮刮刀把結塊的魚肉撥鬆，隨時試吃看看，如果酥鬆度夠了，就將設定解除。

✓ 小叮嚀

▪ 沒有麵包機，可用平底鍋小火炒乾，約 30～40 分鐘。

▪ 不論麵包機或下鍋炒，最後階段一定要看顧爐火。

▪ 榨出來的魚油，可以冰箱保存 4～5 天，炒菜時當普通食油使用。倒入製冰格內冷凍保存可延長賞味期。

🧑‍🍳 肥丁小教室

【鹽麴 Koji】

日本的天然發酵調味料，可取代鹽，含有近 100 種酵素、天然活菌、維生素 B 等有益人體的元素。鹽麴的鹹味鹹度較低，不像鹽那麼霸氣，層次豐富，可減少對腎藏的負擔，能溫和提引食材的鮮味，令肉質鬆軟。

⏱ 賞味期：

完全放涼後，放進密封瓶內，冰箱保存約 1 個月。

杏仁小魚乾
補鈣好吃又涮嘴

「杏仁小魚」實在不便宜,每次逛超市總是猶豫不決繞圈,結果都沒買。做法其實超簡單,所有材料乾炒,注意烘烤火力,你也可以輕輕鬆鬆上手,一次做多一些。杏仁香脆,小魚外表裹上了一點芝麻添加香氣,口感不乾硬,可以放心的給小孩吃,快點學起來吧!

[🍋材料] (份量約300g)

新鮮小魚	400g
杏仁條	100g
白芝麻	20g
蜂蜜	2 小匙
釀造醬油	1 小匙
薄切薑片	5 片
蔥	1 棵
米酒	1 大匙

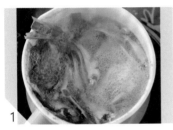

1
新鮮小魚放入鍋中,加入熱水煮至開始沸騰即離火。倒去煮過的魚湯,重複 2 次,除去海水的鹽分。煮小魚不能大火沸騰,否則魚肉過熟會爛掉。

2
小魚排在烤盤上,表面塗上米酒。放入烤箱 100℃ 烤約 30～40 分鐘脫水,時間依小魚的體積,吃起來脆脆的就可以關掉電源,小魚乾留在烤盤上備用。

3
杏仁條放入平底鍋,不用加油,小火乾鍋炒至顏色稍微變黃,之後還會再烤一次,不要烤過頭了。盛起,鍋裡放入芝麻,用小火烤一會兒,邊烤邊翻拌。

4
加入已烤乾的小魚乾及杏仁條,小火快速炒拌,融入味道。

5
加入醬油,利用鍋裡餘溫炒乾,熄火。加入 1 小匙蜂蜜。芝麻黏住魚乾和杏仁條就行了,蜂蜜不用太多,否則太甜太黏,冷卻後不鬆脆。

⏱ 賞味期:
密封保鮮盒保存約 2 週。

✓ 小叮嚀

▪ 平底鍋炒食材彈性較大,可翻拌材料使均勻上色,烤箱可以製作,但芝麻非常易烤焦,一定要在旁觀看。
▪ 若買不到新鮮小魚,可以天然生曬不加調味的沙甸魚乾取代。

自製薄脆蝦餅
無油免炸鮮香可口

薄脆蝦餅很受大人和小朋友歡迎，薄薄脆脆很香很好吃。肥丁以威化餅的配方稍作改良，加入祕密武器「櫻花蝦」，香濃鮮蝦味，微糖，沒有人工色素。只要預備好麵糊，放入蛋卷模一壓就完成了！

1

櫻花蝦乾用研磨機打磨成粉末。

2

樹薯粉過篩，加入杏仁粉、原蔗糖及岩鹽，加入 100ml 冷水攪拌均勻成麵糊。

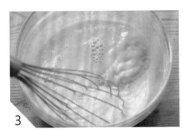

3

清水 100ml 煮至沸騰，一邊攪拌麵糊一邊沖入滾水，滾水不要一次倒進麵糊中，要分次少量加入，攪拌至完全沒有乾粉粒，成為略濃稠的半熟麵糊。麵糊的稠度要適中，不能太稠也不能太稀。如麵糊太稀，可加點樹薯粉。

4

蛋卷模放在爐火上，每面烤約 1 分鐘預熱至發燙，保持小火，舀一湯匙的麵糊，放在蛋卷模上。合上模蓋，加熱 1 分鐘，反轉再加熱 1 分鐘，至完全鬆脆熟透。明火爐具加熱不均勻，移動蛋卷模讓邊緣也受熱均勻。

5

熟透蝦餅表面光滑，輕輕一掰就能裂成兩半。如蝦餅烤成黃色或褐色，表示火力太強；如表面凹凸不平，邊緣部分軟軟，表示邊緣蝦餅未熟，可把邊緣放在中央再壓烤 30 秒。

6

完成後放在網架上，放涼後會變得很脆。

☉ 賞味期：

蝦餅容易受潮，放入密封夾鏈保鮮袋，加入食用防潮包，4 ～ 5 天內食用完畢。

 肥丁小教室

【櫻花蝦 Sakura Shrimp】

原名正櫻蝦，盛產於日本、台灣，屬於深海蝦類珍品，營養價值很高，最常見是經過日曬乾燥而成的櫻花蝦乾

魷魚絲
充滿海洋氣息

夏季新鮮海產紛紛「上架」，海鮮零嘴又怎能少了充滿嚼勁的魷魚絲。軟足類的品種很多，透抽口感較軟嫩，醃漬脫水製乾後，彈性好，非常有嚼勁，咬一口，鮮味一直在嘴裡迴盪，不添加漂白劑、防腐劑及色素，絲絲分明，是看電視電影、好友聚會的最佳零嘴。

[🍋材料]

（可製作約 70g 魷魚絲）

曬乾透抽.....3 尾（約 120g）	
清水 350ml	
味醂 60ml	
Demerara 原蔗糖或二砂糖............. 2 大匙 +1 小匙	
自製鹽麴 2 大匙（見 P.155）	
自製蒜粉 2 小匙（見 P.155）	
米酒 ....2 大匙	

1
移除透抽的頭部、觸腕及半透明的軟骨，從邊緣把粉紅色的外皮撕除。

2
用剪刀在鰭的位置剪開，順著透抽的組織橫向用手撕成約 1cm 寬的條狀。

3
鍋裡放入透抽、清水、味醂、原蔗糖、鹽麴、蒜粉及米酒，開火加熱至沸騰，轉至小火煮 5 分鐘，放進冰箱醃漬一夜。

4
次日取出透抽，用網篩過濾湯汁。

5
平鋪在鋪有烤盤布的烤盤上，烤箱預熱至 100℃，烤 20 分鐘脫水，不用完全乾燥，保留少許水分才有彈性。

6
用手撕成細絲，即可享用。

⏱賞味期：
放入保鮮袋保存，夏天需放冰箱保存，三個月內食用完畢。

✓小叮嚀

▪透抽體型 15 cm 以上，且菱形的鰭長會超過身體的一半，口感較軟嫩。
▪醃漬透抽的湯汁非常鮮美，可保留做湯頭。

Part 4

穀類‧雜糧‧堅果
{ Grains & Nuts }

營養正能量

　　穀物主要指禾本科糧食作物及其種籽,包括大米、小麥、玉米、小米以及其他雜穀,如高粱、野米、燕麥、薏仁米等,是許多地區的傳統糧食。可惜我們平常吃的稻米、麵粉在精製的過程中,糠和穀物胚芽已被去除,只留下糖類,其中的營養大部分已流失,加上忙碌的工作、不規律的作息以及頻繁的外食,容易出現吃飽卻營養缺乏的現象。

　　未精製的全穀物含有大量的維生素、礦物質、油脂、纖維素以及蛋白質,營養價值明顯高出很多。堅果同樣是出色的營養冠軍,含有植物的精華部分,其油脂以單元不飽和脂肪酸為主,還有優質植物蛋白質、胺基酸、礦物質、維生素,膳食纖維和抗氧化物質。全穀類、堅果、雜糧正是現代人極其需要的營養寶藏。

穀物能量棒

給你活力滿點

經常睡到最後一分鐘,再匆忙趕去上班,沒有時間吃早餐?混合莧菜籽、奇亞籽、多種堅果及生燕麥片。用熟香蕉、椰棗和有機蜂蜜等天然甜物取代精製白糖,高鈣、高蛋白質、高纖維、高熱量,也可做為運動或登山時補充能量的食品。

[🥣 材料]

（份量約 18 塊）

原味生燕麥片 100g	碧根果 Pecan............30g
莧菜籽 80g	岩鹽 ....1/8 小匙
奇亞籽 20g	熟香蕉 ....2 根
松子 35g	椰棗60g（不經二氧化硫處理）
榛果 30g	無糖花生醬 2 大匙（見 P.154）
	蜂蜜或楓糖漿 ....2 大匙

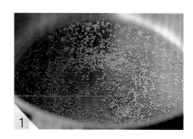

1
中火加熱不鏽鋼鍋，不放油，測試鍋溫，加入一大匙水，滴落鍋裡呈圓潤的水珠，代表鍋裡達到合適的溫度，加入 1 大匙莧菜籽，立即轉至最小火，莧菜籽爆響至彈跳 20 ～ 30 秒，爆響停止即可離火。

2
烤盤鋪上烘焙紙。用手提攪拌機打碎松子、榛果及碧根果；椰棗切碎；熟香蕉去皮，放入大碗中，用叉子壓成泥。

3
加入燕麥、莧菜籽及奇亞籽，攪拌均勻。加入椰棗和蜂蜜，攪拌均勻。

4
加入打碎的松子、榛子、碧根果及花生醬，攪拌均勻。試味，如覺得不夠甜，可多加 1 大匙蜂蜜，攪拌均勻。

5
烤箱預熱至 160℃，把材料全部倒進烤盤裡，用刮刀均勻抹平。烤 20 分至表面金黃色。

6
取出切片，翻面再烤 10 ～ 15 分鐘，邊緣會更脆。放涼，包上烘焙紙，綁上繩子裝飾。

✔ 小叮嚀

- 莧菜籽可以用藜麥、小米代替。
- 莧菜籽爆過後比較鬆酥，不用一次爆太多，否則鍋裡溫度快速下降爆米效果不好。若爐火太大，容易燒焦，開始爆響後就要離火。怕上火不爆也可以。
- 食材的份量和組合可以自己決定。

🕐 賞味期：
用烘焙紙包好放在密封盒裡，室溫保存 1 ～ 2 天，冰箱保存 1 ～ 2 週。

🎩 肥丁小教室

【生燕麥片 Rolled Oats】
把燕麥粒反覆蒸，碾平壓扁，再烘乾，讓燕麥變成片狀，營養價值比即食燕麥片高。

花生脆糖
歷久不衰的經典糖果

花生糖的種類五花八門，有軟有硬，花生脆糖始終是我的最愛，只要掌握煮糖溫度，製作鬆脆不黏牙的花生糖沒難度，切塊後即食，新鮮香脆。秋季花生當令，清涼的天氣亦適合花生糖的製作與保存。

[🍋 材料]

份量約 30 塊（2x7cm）

新鮮花生..................350g
（市售鹽烤或處理過的花生不適合）

白芝麻 15g

Demerara 原蔗糖或二砂糖............................150g

古法麥芽糖..............160g

海鹽....................1/4 小匙

清水 200g

1

花生去殼平鋪在烤盤上，白芝麻放入小碗裡，一起放入烤箱，100℃烤熱，取出放涼，去衣，掰成兩半，放回烤箱中以 100℃保溫。

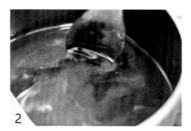

2

鍋裡加入原蔗糖、海鹽、麥芽糖和清水，小火加熱。用木勺攪拌，把糖煮溶。糖漿煮滾後不須攪拌，小火熬煮約 10 分鐘。

3

糖漿轉為金黃色，糖漿的泡沫越來越細。

4

糖溫到達 160℃，倒入溫熱的花生及白芝麻，快速拌勻。

5

立即倒在烤盤布上，注意糖果很燙，不要用手觸碰，蓋上另一塊烤盤布，用擀麵棍推壓擀平。

6

趁糖果尚有餘溫，用刀切成喜歡的大小，冷卻後很易切碎，難以切成想要的形狀。

⏰ 賞味期：

以小塑膠袋獨立包裝，放入密封容器中，再移至冰箱保存，賞味期約 1 個月。

✔小叮嚀

▪ 高溫熬糖漿一定要用溫度計，否則難以估計糖漿的溫度而導致失敗。測量時，溫度計前端不可碰觸鍋底，否則溫度不準確。

▪ 冬天製作時，糖漿凝結速度極快，加入花生時別攪拌太多，以免加速花生糖凝固。

▪ 新鮮花生含有高度不飽和脂肪酸，容易氧化變質，進食有油耗味，發霉變黑或過期的花生對身體不好。

花生餅乾
濃香酥脆吃不停

☺ 不含奶油
無麩質

[🍋 材料]

（份量約 30 塊）

無糖花生醬（見 P.154）200g

雞蛋 .... 1 顆

Demerara 原蔗糖或二砂

糖 35g

小蘇打 .... 1/4 小匙

岩鹽 ....適量

花生醬本身所含的油分，足夠烤成餅乾，奶油、植物油及麵粉通通省掉。純花生醬烤出來的餅乾，花生香味濃得化不開，鬆脆又有嚼勁，多吃幾塊真的會上癮啊！

1

把雞蛋輕輕打發成蛋液。大碗中放入冷藏過的花生醬，分兩次加入蛋液，用橡皮刮刀拌均。

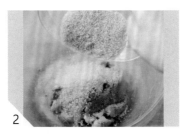

2

原蔗糖混合小蘇打及岩鹽，加入花生醬中，用指尖混合均勻，不用過度搓揉，麵糰沒有麵筋，有些鬆散是正常的。

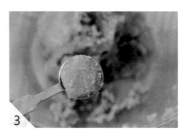

3

用 1 小匙量匙挖成小球形狀，放在烤盤上，餅乾不會膨脹太多，可以排列緊密一點。

4

烤箱預熱至 160℃，用叉子在餅乾上壓出坑紋，然後在 90℃的方向壓一次，麵糰也許會黏著叉子，用另一只手輕輕按著麵糰才拿起叉子。

5

烤約 11 分鐘，餅乾膨脹呈金黃色，並傳出濃烈的花生香味，凸出的部分顏色首先變淺，然後底部開始變淺，連同烤盤拿出來放涼再放到架上，餅乾完全冷卻後會很鬆脆。

⏱ 賞味期：

放入密封的瓶子，室溫可存放 3 ～ 4 天。

✔ 小叮嚀

▪ 冷藏過的花生醬搓揉時能緊鎖油分，餅乾更香脆。

▪ 適合對麩質敏感的朋友。

米仙貝

哆啦 A 夢的桌上點心

沒法用傳統的炭燒，用烤箱也做得到。吃剩的白飯，混合水和糯米粉，用蝦米提香，烤好後撒上紫菜絲，米香撲鼻，濃郁的醬油香在唇齒間蔓延，天然好吃。

[🍋 材料]

（份量約 20 塊）

糯米粉	70g
冷飯	50g
岩鹽	1/4 小匙
油	1 大匙
味醂	1 大匙
清水	3 大匙
蝦米	15g
壽司海苔絲	3 小匙

[🧴 醬汁]

釀造醬油	1 小匙
蜂蜜	1 小匙
味醂	1 小匙

1
冷飯放入冰箱冷藏過夜，水分變乾更易做出脆脆的口感。蝦米用熱水浸泡 1 小時，瀝乾，不加油炒乾。

2
冷飯、糯米粉、油、蝦米、味醂及岩鹽放入攪拌機中，打成幼細的粉末，加入清水，再攪拌數十秒至均勻。

3
放入大碗中，加入剪碎的海苔絲，揉成麵糰。將麵糰放在工作台上，用刀切開 25 份，搓成每顆重約 12g 的圓形。

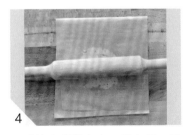

4
圓球放在烤盤布上，蓋上另一塊烤盤布，壓扁，再用擀麵棍擀成直徑 6cm 略厚的扁圓形。

5
烤箱預熱至 170°C，將薄圓餅鋪在有烤盤布的烤盤上，送進烤箱 4～5 分鐘，翻面再烤 4～5 分鐘，表皮變乾即可，關掉烤箱。

6
在仙貝表面刷上醬汁，放進已關掉的烤箱 3 分鐘，利用餘溫讓醬汁稍為烘乾，即可享用。

⏱ 賞味期：
完全冷卻才能密封放入冰箱保存 2～3 天，若受潮變軟可用低溫烘乾水分，即回復鬆脆。

✔小叮嚀
塗了醬汁的仙貝不能烤太焦，否則醬汁會有苦味。

澳門杏仁餅

最夯的伴手禮

椰子油的天然飽和脂肪物理特性，在溫度24℃以下會自然凝固，可代替豬油或酥油（氫化植物油），黏合綠豆粉和杏仁粉讓餅乾成形。烤好後椰香四溢，鬆酥又不油膩，咀嚼時有綠豆粉和杏仁顆粒的獨特口感，當茶點太棒了。

[材料]

（份量 8 個，直徑 5cm）

有機冷壓椰子油 25g

（若室溫高於 25℃椰子油回復液態，要放進冰箱冷藏至呈乳白色固態才能使用）

椰子糖 20g

自製綠豆粉 50g

自製杏仁粉 60g

清水 ....1 小匙

1 椰子糖加入清水，攪拌完全溶化，變成黏稠的糖漿。

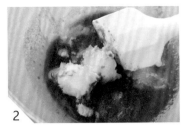

2 加入椰子油，用橡皮刮刀混合均勻，直至完全看不到椰子油的固體顆粒。

3 混合綠豆粉和杏仁粉，用指尖混合成粗糙如麵包屑的顆粒，大顆粒的椰子油，一定要捏碎。

4 烤箱預熱至 120℃，餅料分成 8 份，填入餅模中，堆成一座小山形狀。

5 用右拇指向餅模的邊緣按壓，左手食指把麵屑推向餅模裡，餅模邊緣按至整齊沒碎屑，中央不要壓按太多，否則較難脫模。

6 朝桌上拍打幾次，杏仁餅鬆脫掉在桌上，若敲出來的杏仁餅鬆散，壓模時要用力一點。

7 杏仁餅轉移到鋪有烤盤布的烤盤上，送進烤箱低溫 110℃烤 40～60 分鐘。杏仁餅不黏烤盤布，餅乾已經烘乾，放在網架上，完全冷卻後會鬆酥。

⏱ 賞味期：
放入密封的容器，室溫可保存 2 週

🍳 肥丁小教室

【自製綠豆粉】

★ 材料：去殼綠豆 300g ／清水 500ml

❶ 去殼綠豆泡水一夜，泡過的水倒掉，放入電鍋中，加入清水，按煮飯的按鈕。

❷ 乾燥機烤盤放上烘焙紙，鋪上煮熟的綠豆，用橡皮刮刀壓成豆泥，煮熟的綠豆很容易壓成泥，若很硬即未煮熟。

❸ 70℃乾燥脫水 4～8 小時，綠豆泥壓得越薄，風乾速度越快。

❹ 綠豆泥收縮，豆泥與烘焙紙分離，變得乾脆，用研磨機打磨成粉狀。

❺ 過篩把未能打散的硬塊或粗顆過濾，放入密封的容器保存。

【自製杏仁粉】

★ 材料：美國杏仁 35g ／南杏 25g

原顆美國杏仁和南杏鋪在烤盤上，放進烤箱 100℃烤 10 分鐘，放涼，用料理機打碎，若喜歡粗糙的口感，杏仁粉不用研磨太細。

薄鹽烤鷹嘴豆
中東風味小吃

鷹嘴豆含有高蛋白質與纖維，富飽足感，熱量少，是素食者和減重的好朋友。烤起來口感和油炸豆很像，脆脆的很涮嘴，搭配沙拉或濃湯也超棒！

1
鷹嘴豆煮熟濾乾水分，用廚房紙巾吸乾，豆子要乾爽才烤得鬆脆和容易入味。若豆衣分離了，可把豆衣取走，避免烤焦，豆衣沒有分離就不用理會。

2
鋪平在放有烤盤布的烤盤上，放入烤箱 100℃ 先烤 10 分鐘，進一步把水分烘乾。

3
烤箱預熱至 160℃，香料混合均勻。取出鷹嘴豆，灑上鹽、香料拌勻後加油，再次拌勻，每顆鷹嘴豆都要沾到調味料和油。

4
送進烤箱 150℃ 烤 40 ～ 60 分鐘，鷹嘴豆烤好後體積會縮小一些，咬下去脆脆就完成了，如感覺仍是澱粉般的鬆散，再多烤一點時間。關掉烤箱，烤箱門打開少許，鷹嘴豆留在烤箱內放涼會更脆。

[🍋 材料]（份量 300g）

鷹嘴豆 300g
岩鹽 .... 1/4 小匙
油 .... 1/2 小匙
紅甜椒粉 Paprika 1/2 小匙
咖哩粉 .... 1/2 小匙
孜然粉 .... 1/4 小匙

⏱ 賞味期：
倒入密封的容器中可保存 1 ～ 2 週，冬天可放室溫。酥脆口感可保持約 1、2 天，若受潮變軟，100℃ 回烤 10 分鐘。

✔小叮嚀

▪ 鷹嘴豆在傳統糧行稱「雪蓮子」或「雞豆」。
▪ 黃豆、青豆也可以用相同的方法做成脆豆。
▪ 調味料可以自己搭配，可以完全不加鹽。
▪ 煮過鷹嘴豆的水可以代替蛋白，不要倒掉。

低溫烘焙香草堅果
天然甘脆好滋味

喜歡看球賽的朋友,總少不了洋芋片、玉米片、魷魚絲等含有反式脂肪的垃圾食物,要不要換換口味,吃吃健康的堅果?加適量的調味料,把原味的堅果低溫烘焙,營養全數保留,逼出少許豐富的油質,讓香味慢慢釋放,同時稍微烤掉一些水分,口感更鬆脆。

1

新鮮香草切碎。

2

開心果及夏威夷豆去殼,夏威夷豆沖水洗淨,烤箱預熱至 80℃。

[🥄材料] (份量 250g)

原味新鮮堅果(任何組合的堅果皆可) 250g

綜合新鮮香草(迷迭香、薄荷、牛至、鼠尾草)...2 大匙

楓糖漿 ....1 小匙

融化無鹽奶油.........1 大匙

岩鹽 ....1 小匙

3

混合所有堅果、切碎香草、楓糖漿、岩鹽、融化奶油,放在大碗中拌勻,靜置 10 分鐘,均勻鋪在烤盤上。

4

送入烤箱 70℃烤 40 分鐘,其間翻面 1～2 次,直至傳出香氣,趁溫熱享用。

✓小叮嚀

▪ 堅果選原味沒經過處理的新鮮「原顆」,包裝上如寫著鹽焗(Salted)或鹽烤(Roasted)不適合。

▪ 久放受潮的堅果有一股油耗味,還會產生黃麴毒素,吃了對身體不好。建議購買吃的份量,不要積存,吃完再買。

▪ 堅果非真空冷藏容易氧化變壞,每次不要做太多。

▪ 堅果脂肪含量高,是高熱量食品,若不小心吃多了,要減少一天三餐的油分和進食的份量。

⏱ 賞味期:

冷卻後可用烘培紙包起來,放進冰箱 2～3 個月,食用時回烤。

Part 5

起司
{Cheese}

營養多鈣

1 公斤的起司需要約 16 公升的牛奶製成,是含鈣最多的奶製品,並有豐富的乳酸菌,不會引起拉肚子症狀,起司的營養密度也較其它食物高,容易被人體吸收,能有效預防骨質疏鬆,保護眼睛健康和健美肌膚,對孕婦、兒童和年長者特別好。膽固醇含量較低,有利心血管健康;脂肪和熱量較多,特別適合冬天食用。

起司製品的零食點心容易製作,非常適合親子活動,一點小巧思,就能輕鬆與孩子一起變化出多種美味零嘴。不喜歡奶酥味道濃重的朋友,起司零食的口味更容易被接受。

起司脆條
酥脆口感的野餐小零嘴

還記得吃麥當勞漢堡時，裡面夾的黃色起司片嗎？那就是切達起司！切達起司融化性很好，做成脆條，濃郁起司香，帶去野餐好方便，超愛起司的人絕對不能錯過！

[🧀材料]（份量約10根）

SharpCheddar 起司 130g
無鹽奶油.....................55g
低筋麵粉....................170g
海鹽 ....1/2 小匙
新鮮羅勒、迷迭香 1/2 小匙
鮮奶油 ....4 大匙
蛋液 ....適量

1

羅勒葉、迷迭香切碎。低筋麵粉過篩，加入起司、羅勒、岩鹽混合均勻。無鹽奶油從冰箱取出，切丁，起司加入麵粉中。

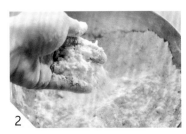

2

用指尖將奶油丁與麵糰混合壓碎成粗糙麵屑。加入鮮奶油，將麵粉按壓成光滑的麵糰，不要過度揉搓，否則產生筋性便不脆。

3

烤箱預熱至 170℃，在工作台上撒少許麵粉，用擀麵棍壓成20×30cm 厚 0.4cm 的薄麵糰，刷上薄薄一層蛋液，撒一些切達起司。

4

用刀將麵糰切成長條，雙手各執一端，捲成螺絲形狀，小心放在鋪了烤盤布的烤盤上，用力按一下起司條的兩端，起司條之間要留空隙給麵糰膨脹。

5

送入烤箱160℃烤12～15分鐘，起司脆條顏色變為金黃色，放在網架上冷卻即可。

> ⏱ **賞味期：**
> 用密封保鮮盒保存約 4～5天。脆條若回潮，100℃回烤 5～10分鐘，即回復酥脆。

> ✔ **小叮嚀**
> ▪ 喜歡吃辣的可加入辣椒粉，份量隨意。
> ▪ 起司脆條容易折斷，放入密封容器時可包上烘培紙。
> ▪ 烤箱的環境各家不同，溫度只做參考，請自行斟酌調整。

 肥丁小教室

【切達起司】

　　Cheddar Cheese 熟成時間越長，味道越濃郁：Mild 的熟成期約為 1～3個月，Medium 的熟成期約為 3～6個月，Sharp 的約為6～9個月，ExtraSharp 則在 9 個月以上。

奶油起司蛋糕條

靈活宴客的飯後小點心

奶酪蛋糕一向給人香濃綿密、濃郁紮實的感覺，容易有飽足感。用吐司模烤成長條形，幾口就吃完了，不甜不膩，搭配甜甜酸酸的切片草莓、芒果、藍莓，或淋上果醬，迎合不同賓客的口味。

[材料]

（寬 8×長 15cm 直角吐司模 2 個）

低脂奶油起司 250g

酸奶油 100g

無鹽奶油 25g

Demerara 原蔗糖或二砂糖
.... 65g

全蛋液 70g

蛋黃 .... 20g（約 1 個）

玉米粉 5g

天然香草精（見 P.154）
.... 1/4 小匙

消化餅 ... 60g（見 P.112 頁）

油 .... 2 小匙

1

無鹽奶油隔熱水軟化。

2

預備餅皮，消化餅放入夾鏈袋中，用擀麵棍或重物敲碎，加入植物油，用指尖搓揉均勻，鋪在烤模中，壓平壓實。

3

把奶油起司放進大碗中，加入香草精和原蔗糖，用橡皮刮刀攪拌至糖溶化。加入軟化的奶油，拌勻。

4

加入酸奶油拌勻。混合全蛋液和蛋黃，分 3 次加入奶酪糊，每一次必須拌勻才加下一次，蛋糕糊越來柔滑。

5

玉米粉過篩，加入奶酪糊中，拌勻。奶酪糊過篩，倒入鋪有消化餅乾皮的烤模中，烤模下面放一個盤子，倒入熱水。

6

烤箱預熱至 160°C，烤模連同水浴盤放入烤箱，烤 50 分鐘～1小時，烤 40 分鐘後加入鋁箔紙放在烤模上防止上色，1 小時後關掉電源，不要立即打開烤箱門，讓蛋糕在烤箱裡燜約 40 分鐘，蛋糕慢慢冷卻。

7

用保鮮膜包好整個烤模，放冰箱冷藏一夜。翌日切條享用。

✔小叮嚀

模具沒限制，圓的方的都可以，活模底要鋪 2～3 層鋁箔紙才加入蛋糕糊。

🧑‍🍳 肥丁小教室

【奶油起司】

Cream Cheese 奶油起司與奶油乳酪是一樣的，是未成熟的全脂奶酪，微酸，潔白，質地細膩，適合製作奶酪蛋糕或直接做抹醬。

起司麻糬波波
欲罷不能的軟糯嚼勁

[🍃材料] (份量約 18 顆)

糯米粉 110g
樹薯粉 15g
新鮮 Parmesan 起司屑 25g
岩鹽 .... 1/2 小匙
融化無鹽奶油 35g
雞蛋 55g
牛奶 60ml
新鮮藍莓 .60g (選擇性加入)

「起司麻糬波波」刊登後，隨即躍升為部落格上點擊率最高的食譜，FB 粉絲專頁幾乎被讀者照片淹沒。入口 QQ 的嚼勁，吃起來像麵包，做法比麵包還簡單。一口一個不覺得膩。藍莓加熱後果汁滲出，有點像醬爆丸子的感覺。

1

無鹽奶油放入碗裡隔熱水溶化。

2

將糯米粉、樹薯粉混合過篩，放入大碗裡。加入起司及岩鹽混合均勻。

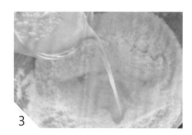

3

雞蛋打散，放入已溶化的奶油，倒入粉類之中，加入牛奶，用橡皮刮刀攪拌均勻。

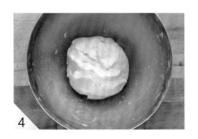

4

搓成濕潤而光滑的麵糰，加入藍莓。麵糰若太濕沾手，可撒上糯米粉當作手粉之用。

5

烤箱預熱至 170℃。將麵糰搓揉成長條形，平均切開 20 份，每份約 16g，搓成圓形，藍莓盡量不要外露，否則加熱時容易烤焦。

6

放在已鋪好烘焙紙的烤盤上，每個之間要留空隙，送入烤箱以 160℃ 烤約 20 分鐘。麻糬波波稍微膨脹，表面略烤至金黃色即可。從烤箱取出，放在涼架上待涼，剛烤完藍莓很燙，冷卻才可以享用。

⏱ 賞味期：
室溫存放約 2～3天。第 2 天水分蒸發後開始變硬是正常現象，可噴水回烤。

✔小叮嚀

Parmesan 起司一定要用新鮮的，不能用脫水起司粉。如麵糰膨脹不起來，粉味重，可以試減 10ml 牛奶。

小魚起司餅乾
可愛造型廣受大人小孩喜愛

[🍴 材料]

不含人工香料及麩質

（份量約 32 顆）

SharpCheddar 起司 100g

無鹽奶油.....................20g

在來米粉或粘米粉......30g

太白粉或片栗粉.........30g

自製洋蔥粉.........1/4 小匙

自製蒜粉（見 P.155）1/4 小匙

冰水......................1 小匙

熟成 6～9 個月的新鮮切達起司，本身有鹹味，不用另加鹽，以自製洋蔥粉和蒜粉調味，沒有人工香料或防腐劑。以米粉和馬鈴薯澱粉取代麵粉，不含麩質口感更酥脆，不像市售的那麼鹹，吃完後會忍不住吮指回味。

1. 奶油及起司加入米粉中，用指尖混合，壓碎成粗糙麵屑。

2. 加入冰水，按壓成麵糰，如麵糰太乾散開，可多加 1/2 大匙冰水。

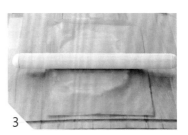

3. 烤箱預熱至 170℃，麵糰放在烤盤布上，用擀麵棍壓成厚約 0.4cm 的麵糰，麵糰兩旁可放筷子，有助壓出厚薄一致的薄塊。

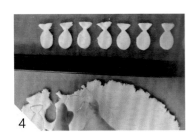

4. 用塑膠小魚模壓出麵糰，餅乾之間留空隙給麵糰膨脹。魚尾容易裂開，脫模時用筷子小心把麵糰推出，若魚尾真裂開也不要緊，和魚身黏在一起就行了，烘烤時起司和奶油溶化，餅乾自然形成一塊。

5. 送入烤箱 160℃烤 12～14 分鐘，餅乾變為金黃色，即可關掉烤箱，烤箱門打開少許，不用急於取出，餅乾放在烤盤上自然冷卻，口感更酥脆。

6. 放涼後放在廚房紙巾上，吸一點油分。

🍰 肥丁小教室

【製作小魚餅模】

★ 材料：直徑 24cm 塑膠罐 1 個

剪開塑膠罐，剪裁一個高約 2cm 的長帶，再剪開一半，每端向內 1cm 對摺 2 次，在接口處用膠紙黏好，即能彎曲成小金魚的形狀。

⏱ 賞味期：
放在密封罐內，可存放 1 週。

Part 6

巧克力
{ Chocolate }

溶口也溶心的快樂魔力

　　在所有巧克力中，黑巧克力含糖量和脂肪最低，分解成葡萄糖後進入血液，在身體裡慢慢釋放能量，使血糖經歷 2～3 小時才降到空腹的水平，適量攝取巧克力可製造飽腹感，不僅不會長胖，而且好處多多。黑巧克力含抗氧化成分，幫助降血壓和維持心血管健康，能延緩衰老，調節免疫功能，又能使人心情愉快。

　　正餐相隔在 5～6 小時，第一餐後約 3 小時後吃 2 塊（2×4cm）黑巧克力，能快速緩解飢餓感，還可以滿足對甜食的渴望。冬天是最適合品嚐巧克力的季節。不過即使是黑巧克力也含有可可脂，若體胖三高、冠心病、糖尿病等，就要注意進食的份量，只能吃一小塊當點心。

手工巧克力磚

天然純可可脂

手作巧克力滿載溫暖心思，常見的做法是把市售的巧克力製成品或半成品溶化再成形。使用巧克力原材料，即天然可可脂和無糖可可粉，就更天然了。製作可可比例高、低熱量、不含反式脂肪的巧克力，品質比媲美高級巧克力，給你意想不到的好滋味。

[🍋 材料]

（份量 2.5cmx3.5cm 薄巧克力磚 6 塊）

【可可巧克力】

有機可可脂 30g

楓糖漿 ....1 大匙

天然香草精1 小匙（見 P.154）

無糖可可粉 ...... 10 ～ 15g

岩鹽 ....少許

【白巧克力】

有機可可脂 30g

楓糖漿 ....1 小匙

天然香草精 .... 1/2 小匙

無糖花生醬或其他堅果醬

.... 1 小匙（見 P.154）

岩鹽 ....少許

【抹茶巧克力】

有機可可脂 30g

楓糖漿 ....1 小匙

自製香草香精 ..... 1/2 小匙

無糖花生醬或其他堅果醬

............................1 小匙

岩鹽 ....少許

抹茶粉 ....1 小匙

1 熱水煮至 60℃，轉至小火，鍋上放一不銹鋼盤。

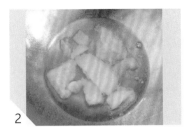

2 可可脂放入不銹鋼盤中隔水加熱。注意鍋裡的水一定不能沸騰，溫度過高或太低，巧克力溶液都可能凝固。適當攪拌，可可脂完全溶化，熄火。

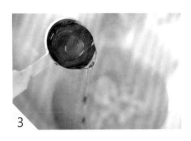

3 加入楓糖漿，慢慢攪拌，充分溶解在可可脂中。加入自製香草香精，畫圈攪拌，直至完全溶入。

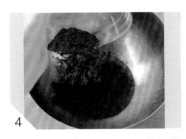

4 製作黑巧克力：加入可可粉及岩鹽，畫圈攪拌，讓可可粉均勻分布，攪拌時間越長，口感越細緻。

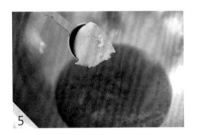

5 製作白巧克力：加入花生醬。製作抹茶巧克力則加入抹茶粉及花生醬攪拌均勻。

6 攪拌好的巧克力溶液倒入模具裡，冰箱冷藏 1～2 小時脫膜，即可食用。

7 室溫底於 20℃，放置室內約 2 小時也可完全凝固。

🧑‍🍳 肥丁小教室

【有機可可脂 Cocoa Butter】

　　萃取自可可豆的天然食用油，其結晶特性必須經過「調溫」的過程，溶化後，將溫度升高再降低，藉以穩定可可脂的結晶，呈現光亮、硬脆、入口即溶的獨特口感。可可脂的品質直接影響巧克力的味道，外國進口的有機可可脂，品質比較有保證。

⏱ 賞味期：

最佳保存溫度 12～18℃，儲存溫度要穩定，避免陽光直射。放入冰箱保存，用密封的容器避免吸收異味。儲存不當會發生軟化變形、表面起霜斑白、內部翻砂或香氣減少，不過不會影響味道。

✔小叮嚀

▪ 溶解可可脂宜用電爐，溫度較穩定。
▪ 加入材料的次序非常重要，不要心急把所有材料一次倒進去，否則口感會大打折扣。
▪ 可可粉越多，巧克力味道越苦，建議可可粉和可可脂的比例不要超過 2：1，可可粉過多，巧克力溶液可能變濃稠，甚至無法流動。
▪ 在此基礎上加入奶油，堅果、果乾、麥片等材料。

玫瑰松露巧克力

增添浪漫氣氛

玫瑰馥郁芬芳,與香濃巧克力和諧融合,淺嚐輕嚼之間慢慢融化,齒頰留香。用漂亮的盒子來盛載,加上小巧的緞帶裝飾就是一份用心的禮物。

[材料]（份量 16 顆）

【巧克力球】

Valrhona 70% 黑巧克力磚
............................200g

鮮奶油 100ml

無鹽奶油......................3g

法國乾玫瑰花 10g

【裝飾】

Valrhona 60% 黑巧克力磚
............................100g

糖粉 10g

開心果 5g

杏仁角 5g

1
巧克力切碎，與奶油放入大碗裡。撕開玫瑰花瓣切碎，混合糖粉成玫瑰糖粉。

2
剩下的玫瑰花瓣放入小鍋裡，加入鮮奶油，煮至起泡沸騰，離火，靜置 5 分鐘，再將鮮奶油加熱至冒煙。

3
鮮奶油網篩過濾與巧克力混合，用湯匙將鮮奶油壓榨出來。

4
靜置 30 秒，待巧克力稍微變軟，用打蛋器混拌，慢慢均勻融合巧克力和鮮奶油，切勿過度攪拌以致油水分離。

5
巧克力完全混合呈濃稠狀，泛起光澤，拿起時不滴下。

6
室溫 15℃～ 20℃放置約 1 小時，若室溫太高可放入冰箱。巧克力表面凝固後，用挖水果的圓形湯匙挖出巧克力圓球，放在烘焙紙上。

7
裝飾用的巧克力隔水加熱融化，溫度保持在 43℃。將巧克力球放入溶化的巧克力中，沿碗邊舀起，滴去多餘的巧克力。

8
放入玫瑰糖粉或堅果碎中，以叉子滾動巧克力球沾滿糖粉，放在烘焙紙上凝固。

🕙 賞味期：
放入密封的保鮮盒，冰箱保存約 4 ～ 5 天。室溫低於 15℃，可室溫保存。

✔小叮嚀

▪ 法國乾玫瑰的顏色較淡，味道清雅，如能配上沒農藥的新鮮有機玫瑰就更好了。
▪ 乾玫瑰花可用喜歡的紅茶取代，在鮮奶油加熱時，把茶包或茶葉加入一起煮滾。

軟心生巧克力

香滑濃醇入口即化

生巧克力一詞源自於日本，使用巧克力、鮮奶油及奶油等乳品製成，入口即化，十分滑順，淺甜而不膩。以椰漿取代鮮奶油，夏威夷豆堅果醬取代奶油，一樣可以做出類似的口感，椰子味道會被可可粉蓋過，所以製成品沒有椰子味。學會製作，再也不用找代購～

[🍳 材料]（每種口味 15 顆）

【原味巧克力】	【抹茶口味】	【草莓口味】
有機可可脂................75g	有機可可脂................75g	有機可可脂................75g
椰漿...........................80g	椰漿...........................80g	椰漿...........................80g
蜂蜜...........................35g	蜂蜜...........................40g	蜂蜜...........................30g
自製夏威夷豆堅果醬..20g	自製夏威夷豆堅果醬..20g	自製夏威夷豆堅果醬..20g
無糖可可粉................25g	抹茶粉........................5g	凍乾草莓粉或覆盆子粉 1g
岩鹽...........................少許	岩鹽...........................少許	岩鹽...........................少許

1　直接用送禮的盒子當作模具，將烘焙紙剪裁至適合模具的大小。

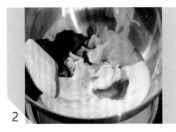

2　不鏽鋼盤子裡放入所有食材，下面放一鍋剛煮沸的水，火力轉至最小，隔水加熱至溶化，需時約8～10分鐘。

3　全程以橡皮刮刀輕輕攪拌，加快溶化速度，使材料混合均勻。溶化的巧克力糊表面有光澤，可可脂完全溶化，舀起輕輕滑落。

4　巧克力糊倒入模具裡，放進冰箱冷藏一夜。

5　巧克力連同烘焙紙一起從模具取出，熱水燙刀子，再用廚房紙巾擦乾，切成扁方形。

6　灑上可可粉、抹茶粉、草莓粉裝飾，即可享用。

⏱ 賞味期：
生巧克力極易融化，須存放在3～5℃的溫度中，放入包裝盒中，移至冰箱冷藏，1週內吃完。若要延長賞味期，整塊不加可可粉用保鮮膜包好，冷藏可保存1個月。若要送人攜帶外出，請以保冷袋裝好。

巧克力布朗尼
一盆到底零失敗

一個盤子和一根攪拌棒就能完成的簡單甜點，不用打發蛋白霜，把所有材料攪拌均勻就可以烤。配方減了一半奶油的份量，放入冰箱裡紮實濃郁，第 2、3 天風味更佳！

[🍋 材料]

（8 吋 /20cm 方型烤模 1 個）

Valrhona60%黑巧克力磚
......................200g

無鹽奶油..................70g

雞蛋 170g

Demerara 原蔗糖或二砂糖
..............................100g

無糖可可粉............3 小匙

低筋麵粉....................70g

榛果酒....................1 小匙

1

將烘焙紙剪裁至符合模具的大小，鋪好。

2

奶油切丁，與砂糖一起放入大盤中，用電動手提打蛋器攪拌至綿密發白。Demerara 的顆粒較大溶化時間較慢，打發時間要長一點。

3

切碎巧克力磚，隔水加熱溶化，加入榛果酒，拌勻，放回隔水加熱的盤裡，保溫備用。

4

打散雞蛋，分 3～4 次倒入奶油糊中，用打蛋器最低速度，打發均勻。

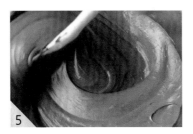

5

將溶化的巧克力液倒入綿密蛋奶油糊中，用橡皮刮刀拌勻成細滑的巧克力糊。

6

低筋麵粉、可可粉過篩，加入巧克力糊中。

7

以橡皮刮刀輕拌勻，立即倒入烤模中。預熱烤箱至 180℃。

8

送進烤箱，170℃烤 20 分鐘，最後 5 分鐘插入牙籤拔出後尖端有些許的沾黏，立即出爐能獲得濕潤的效果。若牙籤完全沒沾黏，蛋糕會比較乾和紮實。

⏱ 賞味期：
密封盒放入冰箱保存 4～5 天。

✔小叮嚀

▪ 溶化巧克力注意溫度不要過高，以免油水分離，布朗尼的口感就會變油膩。
▪ 烘烤時間請根據你的烤箱和烤模大小調整，蛋糕越厚烤的時間越長。
▪ 不要過度攪拌讓麵糊混入太多空氣，奶油糊混合巧克力時不用電動打蛋器，用橡皮刮刀就夠了。

巧克力焦糖杏仁

香脆糖衣層次豐富

一口品嚐香酥杏仁、薄脆焦糖及香濃巧克力的滋味，層次豐富，保證讓你一口接一口！顆顆飽滿的杏仁經低溫烘焙，原蔗糖代替白砂糖熬煮成的焦糖，甘蔗味更濃郁，還可以做抹茶和草莓口味。

[材料]（約 250g）

【內餡】

美國杏仁.................100g

榛果.........................100g

Demerara 原蔗糖或二砂糖

.................................120g

清水.............................45g

岩鹽.............................適量

【裝飾】

Valrhona70% 黑巧克力磚

.................................150g

Green&Black's 白巧克力磚

.................................150g

無糖可可粉.......40 ～ 60g

抹茶粉.............40 ～ 60g

1
美國杏仁以 130℃ 烤 15 分鐘，榛果體積較小烤 10 分鐘就可以。中途撥翻一下，讓整顆受熱均勻。

2
鍋裡放入糖、鹽、清水，中火加熱，不要攪拌，搖晃一下鍋子，糖慢慢溶化成糖水。

3
糖水升溫至 109℃，加入杏仁和榛果，溫度會稍降，熬煮一會兒，待糖回升至 109℃，立即離火。

4
用木勺持續攪拌，降溫冷卻，黏在杏仁表面的糖漿開始反砂結晶成為糖霜。

5
小火加熱，糖霜慢慢溶化變成焦糖，持續攪拌，讓每顆杏仁均勻焦糖化，離火。

6
杏仁倒在耐熱矽膠布上，盡快用叉子逐顆分開，若焦糖冷卻後變硬，用手掰開。

7
切碎黑巧克力，小火隔水加熱溶化。每次約 10～15 顆焦糖杏仁放入巧克力液裡，包裹整顆杏仁。

8
撈起放入可可粉裡，輕輕搖晃盤子，滾動堅果均勻沾滿可可粉，用湯匙舀起放入網篩裡，冷卻定形，篩掉多餘的可可粉，即可享用或包裝。

9
抹茶口味：隔水加熱溶化白巧克力，堅果包裹白巧克力，沾上抹茶粉，抹茶較容易受潮，冷卻定型，再上一次抹茶粉。

⏱ 賞味期：
放入密封的容器，可保存約 2 週。

✔小叮嚀

▪ 焦糖溫度一定要用煮食溫度計精準量度，若糖溫不夠便會黏牙。
▪ 若焦糖熬煮過久會產生苦味。

巧克力夾心餅乾

大人小孩都喜歡

充滿可可香酥脆美味的巧克力夾心餅乾，經典吃法先轉一轉，再舔一舔，配牛奶或優格，好享受。想吃不用出門買，在家就可以輕鬆做，餡料愛放多少就多少！以冷壓椰子油取代白油或氫化油做成夾心餡料，吃得更安心！

😊 不含奶製品

[🥥 材料]

（約 12 塊，直徑 7.5cm）

【餅乾】

有機冷壓椰子油 55g

無糖可可粉.................20g

黑芝麻粉.................15g

Muscovado 非洲黑糖 30g

低筋麵粉.................100g

全麥麵粉.................25g

小蘇打 1/2g

岩鹽 .... 1/8 小匙

雞蛋 25g

天然香草精（見 P.154）1/2 小匙

【餡料】

原味生腰果..............120g

有機冷壓椰子油 .....2 大匙

楓糖漿 ....2 大匙

天然香草精........ 1/2 小匙

清水 ....1 大匙

[🥄 工具]

餅乾印章

82

1

有機冷壓椰子油、非洲黑糖、無糖可可粉、黑芝麻粉放入調理機中，攪打成巧克力糊，加入蛋液及天然香草精，攪打均勻。

2

巧克力糊轉移到大碗裡，混合低筋麵粉、全麥麵粉及小蘇打，分2～3次篩入巧克力糊中，加入岩鹽，用橡皮刮刀攪拌均勻，不要搓揉，否則餅乾產生筋性不酥脆。

3

把麵糰塑成圓柱形狀，用刀切成12份圓形餅乾，每份約0.5cm厚。

4

用餅乾印章壓出花紋。

5

預熱烤箱170℃。送進烤箱160℃烤約15分鐘。餅乾留在烤盤上，靜置5分鐘，然後才將餅乾放在網架上待涼，放涼後餅乾變得硬脆。

6

腰果清水浸泡8小時，倒去浸泡過的水。

7

有機冷壓椰子油、腰果、楓糖漿、天然香草精放入調理機中，打發至淡黃色的奶油霜狀。

8

冰箱冷藏1小時變硬一點，放入擠花袋。待餅乾完全涼後，擠上奶油霜，然後蓋上另一塊餅乾便完成。

🕐賞味期：
放入密封的容器中，保存約1週。

Part 7

糖果
{ Candy }

放鬆心情的甜蜜邂逅

　　甜味在味蕾舌尖的最前端,孩童最早有感覺的就是甜味。在我們的生活記憶中,乖孩子獲得糖果做獎勵、情人節以巧克力傳情、婚禮新人送喜糖。糖總是和甜蜜、喜悅、放鬆、幸福等美好事物畫上等號。因為吃糖會刺激身體分泌腦內啡、血清促進素,這些神經傳導物質,使人感覺舒適、鎮定。

　　糖果防腐能力強,賞味期比較長。一次做過多了,也不用急著吃,送給親朋好友分甘同味。設計好自己每天吃糖的份量,既滿足身體對甜食的渴求,又可重溫甜蜜的回憶。糖本無罪,只要培養良好的飲食習慣,還是可以追求甜蜜又擁抱健康。

冰晶棒棒糖
一閃一閃亮晶晶

冰晶棒棒糖的材料極簡單,砂糖和水經過熬煮,在小木棍周圍重新自然結晶,大小、形狀沒有一顆是相同的,晶瑩剔透沒有雜質,像水晶一樣的透明糖晶體非常漂亮。這種糖微甜,經常用於西式婚禮和派對,來賓將棒棒糖放入香檳中攪拌一下,是不是很有意境?也可用於咖啡、花茶等飲料的調味。

不是每一種天然色素都能製作出糖晶體的透明感,嘗試了近 20 種蔬菜水果,做出 6 種天然顏色,製作過程好像科學實驗,一起來玩吧!

天然色素

[材料]

（濃縮後的糖漿容量約 360ml，每杯可製作 1 ～ 2 根直徑約 2cm 的棒棒糖）

【白】白砂糖 300g＋清水 600g（不吃白砂糖，可改用原蔗糖代替）

【紅】紅肉火龍果汁 600g（紅肉火龍果汁 2 大匙＋清水 570g）＋白砂糖 300g

火龍果放在網篩上，用大湯匙壓出果汁，與清水混合

【橙】紅色甜椒汁 600g（紅色甜椒 30g＋清水 600g）＋白砂糖 300g

【黃】黃色甜椒汁 600g（黃色甜椒 40g＋清水 600g）＋白砂糖 300g

【綠】綠色甜椒汁 600g（綠色甜椒 40g＋清水 600g）＋白砂糖 300g

甜椒切丁，和清水一起放入攪拌機中，打成甜椒汁，用網篩過濾成清澈的甜椒汁，甜椒的辛辣嗆味會被甜度全完覆蓋，糖漿煮好後吃不到甜椒的味道

【藍】蝶豆花茶 600g（蝶豆花乾 15 顆＋清水 600g）＋白砂糖 300g

蝶豆花乾以 100℃熱水沖入蝶豆花中，浸泡 5 ～ 10 分鐘

【紫】葡萄皮 15 顆＋清水 600g＋白砂糖 300g

葡萄皮放入 600 水中，加熱，葡萄皮的色素熬煮成紫色液體

[工具]

木棒：長 5cm，直徑約 3mm。製作棒棒糖的木棍不光滑，糖才能黏附在上面結晶，竹棒不適合

木夾：長度要比杯子口直徑大

玻璃杯：杯面直徑 6cm，杯高 5cm，杯子要選瘦長窄口，沒有弧度

[預備]

預先計算好杯子容量才開始製作。煮糖漿時水分會被蒸發約一半，糖的重量是杯子容量的一半｛水 ml÷2｝。糖漿要滿杯，木棒盡量浸入糖漿裡，並與杯底保持足夠的距離，結晶才不容易和底部黏合難以拔出。

1 用木夾夾著木棒，垂直插入杯子正中央，架好，調整高度。木棒探入杯子的高度，便是木棒要沾上糖的長度。木棒不可接觸杯子底部，與杯底之間距離約 1 ～ 2cm。

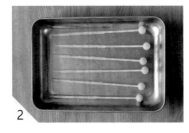

2 預備天然色素的液體，加入砂糖，攪拌一下讓砂糖溶解，放入溫度計。大火煮至沸騰，確定砂糖完全溶化成為混濁的液體，之後不能再攪拌，轉至中火，煮至 103℃，把木棒放入糖水裡，滴下多餘的糖水，均勻撒上砂糖，放入冷凍庫，木棒上的砂糖完全乾硬才能使用。

3 糖水繼續熬煮至 110℃，泡沫由大變小，糖水水分蒸發濃度增加。糖漿從 100℃到 105℃的升溫速度時間較長，到達 106℃溫度會急速上升。糖漿煮到 110℃，離火，小心移動平放在桌上，待滾動的糖漿泡泡消失，立即倒進玻璃杯內，不要攪動，否則糖漿會反砂。

4

糖漿降溫到 65～70℃，垂直插入上糖木棒於杯子正中央，用木夾固定，記得不要在糖漿裡調整高度或攪拌，確認木棒上的糖粒沒掉下就可以。

5

糖結晶出現在糖水濃度最高及溫度最低的地方。上糖木棒經過冷藏，溫度低於周圍的糖液，糖的濃度高於周圍，糖結晶很快在木棒周圍形成。杯子要放在木板或厚紙上面，選擇溫暖而且恆溫的位置擺放。

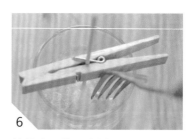

6

糖漿表面若形成結晶層，可讓糖漿處於密封的狀態，更有利木棒結晶，不用戳破。

7

2～3 天結晶便會長大，到你喜歡的大小就可以取出。若表面有結晶層，用竹籤把結晶層戳破，輕輕把木棒提起來，連同木夾架在一個乾淨的杯子裡。

8

糖漿自然滴落，約 12～24 小時，棒棒糖完全晾乾就是完成了。尾端若集結了不規則形狀，棒棒糖未乾透結晶還脆弱，可用手剝開。

✓ 小叮嚀

▪ 室溫 25℃～30℃ 最適合製作。冬天室溫低，杯子周圍溫度比木棒低，杯壁結晶而木棒不結晶，容易失敗。

▪ 木棒上的糖粒掉下來有幾個可能：糖漿太熱溶掉木棒上的糖；木棒上的糖未完全乾透；或糖漿的濃度不夠飽和。

▪ 剩下的糖漿最多可重用一次，糖漿流動越多容易引起反砂，結晶不夠晶瑩。

▪ 用重量量度水的容量比較準確，所以食譜的液體份量以克為單位。

▪ 天然食材本身的酸鹼值會影響糖的結晶，酸味阻礙結晶，酸味的水果或蔬菜不適合。

⏲ 賞味期：

用塑膠袋包好，棒棒糖可室溫存放半年。天然色素，時間久了，褪色屬於正常。

傳統牛軋糖
不黏牙淡淡蜂蜜香

利用蛋白和蜂蜜的凝固能力製作出來的天然糖果，咀嚼時會散發出蜂蜜香氣，咬的時候較硬，入口變軟柔軟而耐嚼。簡單的食材只有蜂蜜、堅果和蛋白，經歷了十幾次失敗，終於成功找到滿意的配方，微酸的糖醃小紅莓，鬆脆的杏仁、榛果和開心果，純白、芳醇、樸實無華。

[材料]

（48 顆，每顆 1.5x5cm）

【糖果基底】

蛋白 30g
蜂蜜 70g
玉米粉 .... 適量

【糖漿】

敲碎的原蔗冰糖 200g

古法麥芽糖 36g
熱水 100g

【選擇性食材】

開心果 50g
原味榛果 50g
杏仁 150g
蔓越莓乾（見 P.10） 25g

[預備]

堅果鋪平放在烤盤上，放入 100℃ 烤箱烤 10 分鐘，保溫備用。預備兩個熬糖漿用的厚鍋，在烤盤上鋪上烘培紙，撒滿玉米粉。

1 在第一個鍋裡加入原蔗冰糖、麥芽糖及熱水，攪拌至溶解，小火加熱，若途中有糖粒黏在鍋壁上，用毛刷沾熱水刷掉。

2 當第一個鍋裡的糖漿溫度達到 120℃。在第二個鍋裡開始加熱蜂蜜。

3 啟動電動打蛋器高速將蛋白打至起泡，出現尖角。蜂蜜加熱至 128℃，從邊緣緩緩倒入高速打發的蛋白霜中，別讓打蛋器碰到倒入的蜂蜜，高速攪拌 2 分鐘後，停機。

4 第一鍋糖漿加熱至 165℃，再次啟動電動打蛋器至最高速，一邊一發一邊慢慢倒入糖漿，蛋白霜迅速膨脹成黏調狀，手握打蛋器時漸漸感到阻力，蛋白霜打發痕跡清晰可見，繼續高速打發約 2～3 分鐘，停止打發，蛋白霜緩緩流下。

5 趕快加入溫熱的堅果，用橡皮刮刀快速拌勻。

6 把溫熱的糖糊迅速放在已撒上玉米粉的烘焙紙上，放上蔓越莓乾。

7

表面撒少許玉米粉，用手揉搓成球狀。

8

糖球上蓋一塊烘焙紙，用擀麵棍擀平，上壓重物，室溫靜置 1 ～ 2 小時。

9

糖果變硬後切成喜歡的形狀和大小，沾上玉米粉，用烘焙紙或臘紙包裝。

⏱ 賞味期：

室溫低於 20℃ 可不用放進冰箱保存，賞味期約 4 ～ 5 天。

✔小叮嚀

• 堅果和乾果的種類可自選，只要是脫水的乾食材都可以，新鮮水果不適合。
• 此份量可用一般手提電動打蛋器製作，若增加份量，手提打蛋器可能難以負荷，需使用馬力強大的台式廚師機 Stand Mixer 來製作。

👨‍🍳 肥丁小教室

【原蔗冰糖 Raw Rock Sugar】

　　原蔗冰糖是以甘蔗直接提煉結晶而成，過程不經過漂白工序，不含人工色素及人工香料，深褐色又帶點淡紅，也被稱為紅冰糖。

洋甘菊棒棒糖
賞心悅目的花朵甜點

[🍯材料] (10根)

Demerara 原蔗糖或白砂
糖.....................100g
麥芽糖或日本水飴......40g
清水 40ml
海鹽 ....適量
鮮採有機食用洋甘菊 30 朵
糖粉 200g

以花為食材的甜點越來越多。吃花,原來也可以如此浪漫,本來簡單透明的棒棒糖,鑲嵌入漂亮的食用花朵,更有夢幻情調了。洋甘菊有類似青蘋果的甜酸味香氣,清新柔和,看著花朵們美麗的姿態,心情也甜了起來。

1 在大盤裡加入糖粉,用約直徑 3cm 小瓶子的底部壓出圓形凹槽,製成糖模,備用。

2 小鍋裡加入白砂糖、麥芽糖及清水,搖晃鍋子先溶解糖,大火煮滾至 150°C 離火,不要攪拌,毛刷沾水把鍋邊的糖刷下來。

3 快速並小心倒入凹槽中,切記不能用手碰觸滾燙的糖漿,凹槽注入一半糖漿,迅速放入洋甘菊,正面朝下,貼在糖漿上面,放入棒棍,倒入另一半的糖漿。

4 糖果冷卻變硬,用水洗去表面的糖粉,晾乾,即可享用。

✔小叮嚀

- 市售裝飾用的花朵有使用農藥不適合食用。
- 食用的有機玫瑰、三色堇、薰衣草、茉莉、桂花、荷葉蓮都適合製作。最好向有信譽的有機農場購買,若不確定農戶是否有加入農藥,買回來的盤栽種植最少 2 個月才可以食用。
- 食用乾燥花、水果乾或堅果也可做為裝飾材料。一定不能有水分,否則高溫糖漿遇水降溫或產生水泡,糖果便會黏牙。
- 糖果完成後,把硬掉糖粒過篩去除,糖粉可以回收再用。

⏱ 賞味期:
若未立即食用,不用沖洗用毛掃輕輕刷去糖粉,放入塑膠袋中包好,賞味期約 2 週。

貓掌棉花糖

捨不得吃的 粉嫩小肉球

粉嫩的貓掌棉花糖惹人憐愛，在日本風靡一時，純手工製，所以賣得很貴！肥丁用凍乾草莓粉製作粉紅色的小肉掌，輕軟 Q 彈、入口即化。泡在熱咖啡或牛奶當中，看著它慢慢溶化，在寒冬的日子感覺特別窩心。

[🍊 材料]（每種 12 顆）

【白色貓掌】

蛋白	15g
白砂糖	35g
清水	20ml
日本米飴或麥芽糖	1 小匙
吉利丁片	5g
天然香草精（見 P.154）	1/4 小匙

【巧克力貓掌】

蛋白	5g
Muscovado 非洲黑糖	30g
清水	20ml
日本米飴或麥芽糖	1 小匙
吉利丁片	5g
可可粉	1 小匙

【粉紅色肉球】

蛋白	15g
白砂糖	30g
清水	20ml
日本米飴或麥芽糖	1 小匙
吉利丁片	5g
草莓泥	3 小匙

（或凍乾草莓粉 1 小匙）

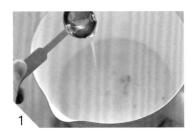

1
小鍋裡加入 20ml 清水、糖、米飴及香草精,加熱至 120℃的糖漿。

2
在馬卡龍矽膠墊上,撒上玉米粉,全部覆蓋直至看不到矽膠墊。

3
蛋白用電動打蛋器打至起泡,蛋白霜勾起呈尖角,備用。

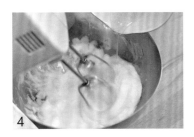

4
啟動打蛋器,一邊打發蛋白一邊慢慢倒入糖漿,持續打發至蛋白霜呈現光澤。

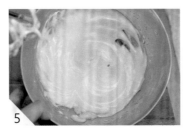

5
將已溶解的吉利丁水加入蛋白霜中,繼續打發均勻,成軟滑的蛋白霜,勾起時緩緩落下便可停止打發。

6
擠花袋放入圓形擠花嘴,蛋白霜放入擠花袋裡,垂直將蛋白霜擠在矽膠上。

7
按照原味棉花糖步驟 1～4 的做法,製作紛紅色小肉球,擠在白色的貓掌上。

8
風乾約 1 小時,乾燥低溫的天氣會快一點。在棉花糖表面撒上玉米粉,用刀挑出底部逐一取出,放在網篩上,晃動一下篩出多餘的玉米粉。

9
巧克力貓掌:按照原味綿花糖步驟 1～5 的做法,蛋白霜加入吉利丁水,放入可可粉,打發均勻,繼續步驟 6～8。

⏱ 賞味期:
用小袋子封好,存放在密封容器中,室溫賞味期可達 3～4 天。

✔小叮嚀

▪ 適合在天氣乾燥的日子製作。
▪ 糖漿直接影響棉花糖的凝固和硬度,溫度一定要準確,請使用溫度計測量。
▪ 吉利丁片可用同等重量的吉利丁粉代替。
▪ 馬卡龍專用的矽膠墊有助擠花嘴做出渾圓的掌形。
▪ 日本米飴或麥芽糖的作用是穩固蛋白霜的內部組織,防止糖漿反砂,不能省略。

法式水果軟糖

純素

法式軟糖是以果泥、砂糖與果膠 Pectin 一起熬製而成的糖果。小小一顆軟糖濃縮了整個果實的香氣。青蘋果果膠冷卻後自然凝固，取代果膠粉作為基底，搭配富含天然果膠的果泥，和利用動物性明膠做的軟糖是完全不同的。滿滿的天然果香、Q 軟不黏牙，幾乎不需費太多力氣咀嚼，含在口中慢慢融化，濃郁香甜的果香在味蕾中化開。

[🍋 材料]

不使用果膠粉 ☺

【青蘋果基底】

青蘋果 ....470g（約 3 顆）

清水 900ml

敲碎原蔗冰糖 90g

寒天粉 ....1 小匙

檸檬汁 ...... 30ml（2 大匙）

【覆盆子口味】

覆盆子 150g

青蘋果基底

【百香果口味】

百香果 .... 2 顆

青蘋果基底

【藍莓口味】

藍莓 125g

青蘋果基底

青蘋果基底做法

1

青蘋果洗乾淨，用軟刷刷除青蘋果表皮的蠟，去芯去蒂，不用去皮，每顆切4份。

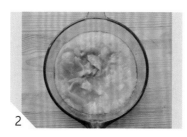

2

青蘋果和清水放入鍋中，煮至沸騰後，中小火熬煮45分鐘～1小時，不用加蓋，把果肉完全軟爛成果泥狀，離火，稍為放涼。

3

果泥倒入棉布袋中，將棉布袋擰緊，擠出富含果膠的青蘋果汁約300ml，若果汁超過300ml，最好把果泥和果汁再熬煮一會，水分再蒸發一下。

4

青蘋果汁加入覆盆子，用手提攪拌機打成果汁，用網篩過濾，倒入鍋中，加入寒天粉、原蔗冰糖、檸檬汁，攪拌均勻。

5

大火煮至沸騰，沸騰後轉至小火，如有浮沫冒起，小火熬煮15～20分鐘，直至濃稠，不時攪拌一下，把水分再蒸發一半至約200ml，果汁的顏色會越來越深，攪拌起來有黏稠的感覺，離火。

6

把濃稠的果汁倒入玻璃盒內凝固，稍為冷卻後放進冰箱，可加快凝固速度。

7

軟糖凝固後，手指輕按輕微回彈。用刀子在玻璃盒邊推開，放入少量空氣，玻璃盒翻面，凝固的軟糖便會整塊掉下來，切成方塊，即可享用。

⏱ 賞味期：
冰箱保存約 1～2 週。

✔ 小叮嚀

寒天粉加熱至 90℃才會溶化，軟糖凝固後，放在室溫也不會融化，軟糖脫模切塊後，不會黏在一起，所以不用另外裹上白砂糖。

法式水果軟糖

🍳 肥丁小教室

【寒天粉】

由一種生長在高緯度海域的紅藻細胞壁萃取提煉，成分以食物纖維、鈣、鐵為主。吸水性強，有凝固的效果，能提供飽足感，被視為天然的膳食纖維。寒天可說是高級的洋菜，在日本叫作 Kanten-jelly，色澤半透明，透光性比洋菜佳，日本昂貴的羊羹就是用寒天粉製作。

蟲蟲橡皮糖
不給糖就搗蛋

家裡沒有製糖果的模具，就拿吸管做容器，做成蟲蟲形狀的橡皮糖，好有萬聖夜氣氛！百香果、覆盆子汁等顏色鮮艷，吃起來又香又有彈性，若找不到配方中的食材，可參考彩虹明膠糖，只要把果汁和吉利丁粉的比例換成這篇就行了。

[🍊 材料]

【橙色】

鮮榨西柚汁或橙汁....60ml

蜂蜜 ....2 大匙

吉利丁粉 18g

【黃色】

鮮榨百香果汁 30ml

清水 30ml

蜂蜜 ....2 大匙

吉利丁粉 18g

【紅色】

覆盆子汁....................30ml

（冷凍覆盆子都可以）

清水 30ml

蜂蜜 ....2 大匙

吉利丁粉 18g

1

所有果汁用濾網過濾果肉。

2

用 2 大匙果汁溶解吉利丁粉，將吸飽水分膨脹的吉利丁粉倒入果汁中，加入蜂蜜。

3

果汁隔熱水加熱，加以攪拌，將吉利丁粉和蜂蜜徹底溶解。

4

吸管剪成約 8cm 長，和杯子的高度一樣更好操作。

5

在杯中舀入 1 ～ 2 大匙的果汁，用橡筋將膠吸管綁緊，插入杯中，待杯底的果汁凝固後，將形成固體能封住底部，防止後來倒入的果汁流出。吸管倒入剩下的果汁，若要做多種顏色的效果，倒入 1/4 後稍待凝固，然後再倒入另一種顏色的果汁，如此類推。吸管上壓重物。

6

置於室溫下，果汁凝固後逐一放入 40℃ ～ 50℃ 的溫水，5 ～ 6 秒取出，依據吸管的粗細，試一兩枝便知道時間了。

7

用手將橡皮糖擠出，放在不沾布上，剛擠出來的時候有點濕，稍待 10 分鐘，乾燥的天氣很快便乾，軟糖不黏手便可享用。

⏱ 賞味期：

放入保鮮盒蓋好，放入冰箱蔬果庫，可防止水分被抽乾，保存 2 ～ 3 天。

✔ 小叮嚀

‧將糖果從吸管擠出來需要耐心。吸管宜用喝珍珠奶茶那種，口徑較大，質料柔軟的。細硬的吸管擠起來比較困難。

‧果汁倒入吸管時要保持溫暖，否則在半凝固的狀態很難倒入吸管。

‧浸泡吸管的水溫度不能太高，浸泡時間亦不能過長，否則橡皮糖完全溶解，變回液體狀態。

生牛奶軟糖
奶味香濃，入口即化

只需要鮮奶油、蔗糖和麥芽糖三種健康原料，就可以做出吃得安心，入口即化的軟牛奶糖，擄獲你的味蕾。沒有添加劑，糖果不冷藏很快溶化。放在冰箱每天吃一顆，然後每天期待著，是一種生活小美好。

[🍋材料]（約 55 顆）
動物性鮮奶油 500g
原蔗糖 Demerara 或二砂糖
...............................80g
古法麥芽糖 20g

[🥄工具]
模具吐司模 7.5×7.5×15cm
烘焙紙 .7.5×15cm（鋪底）
烘焙紙 55 張 14×7cm（包裝用）

1
全部材料放入厚底鍋裡，中火加熱，用木勺混拌，加熱至咕嚕咕嚕的沸騰狀態，為避免燒焦，必須邊攪拌邊熬煮。

2
糖糊熬煮至濃稠，用木勺舀起，滴落時半透明，轉至小火繼續熬煮。糖糊的顏色會逐漸變深，到達 100℃就要開始注意，會焦化得很快，加快攪拌速度，一定要小心不要濺出來～非常燙！

3
從 100℃到 105℃的溫度變化是非常慢的，要耐心持續攪拌，糖糊的水分蒸發掉，溫度才會升高。糖糊溫度達 105℃，倒入模型中，小心別用手碰觸到高溫的糖糊和模型。稍為冷卻後，放入冰箱冷卻約 2 小時。

4
用刮刀切入生牛奶糖與模型之間的邊緣，倒扣並輕敲模型，取出牛奶糖，用熱水燙過刀鋒，分切成喜歡的大小。

⏱賞味期：
用烘焙紙包好，放冰箱保存，賞味期約半年。

✔小叮嚀
▪ 若喜歡硬牛奶糖，糖糊煮至 125℃，攪拌時一刮見底，不再是液態而是形成糰狀，倒入模型中，放置常溫凝固，倒扣模型，即硬牛奶糖。
▪ 送禮請用保溫袋。
▪ 不能使用植物性鮮奶油，否則加熱時會油水分離。

👨‍🍳 肥丁小教室

【麥芽糖 Maltose】
麥芽糖要選遵循古法製作的，市售廉價的麥芽糖，有些廠家為了節省成本大量生產，可能會使用來源不明、品質低劣的澱粉，如採用樹薯粉取代糯米，並加入蔗糖使製成品顏色金黃，甚至有些是全化學調製，營養價值及品質大打折扣。

焦糖杏仁太妃糖

香脆不黏牙送禮很奢華

香脆的焦糖杏仁太妃糖，模仿肥丁喜歡的品牌調配出來的，太妃糖配上巧克力和杏仁，搭配咖啡或茶，真是超級絕配！自己製作可以減糖，一次做一大堆，打碎放在鐵罐裡，不規則的隨意美，充滿家庭手作的幸福味道，送朋友或自己吃，超滿足！

[🍋 材料]

（330g，約 20 塊）

無鹽奶油....................100g
原蔗冰糖....................80g
海鹽 ....1/4 小匙
古法麥芽糖............1 小匙
Valrhona70% 黑巧克力磚
....................8g
杏仁角 70g

1

矽膠墊鋪在烤盤上，備用。杏仁角放入烤箱以 80°C 烤熱，保溫。

2

無鹽奶油切丁，放入鍋中加熱至半溶化就可以，否則很容易油水分離。厚鍋中加入原蔗冰糖、海鹽及麥芽糖，輕輕攪拌，小火煮至糖完全溶化與奶油混合。

3

糖漿變為淡黃色，立即停止攪拌，轉至小火，如開始油水分離，離火攪拌一下再繼續熬煮，鍋邊的糖漿較易煮焦，加熱時搖晃鍋子，糖溫達 150°C，顏色變為淺棕色，離火。

4

小心把糖漿倒在耐熱的矽膠墊上，不要用手觸碰滾燙的糖漿。用廚房紙巾吸乾表面的油，放涼後就會變硬。

5

切碎巧克力放入碗裡，隔水加熱在 45～50°C 溶化，攪拌成光滑流動的巧克力糊。

6

大妃糖表面撒上少許杏仁角，淋上巧克力糊。

7

用刮刀均勻撥開，趕快在巧克力凝固前撒上剩下的杏仁角，冷卻凝固後敲成碎片。

✔ 小叮嚀

▪ 原蔗冰糖敲碎成大小均勻，否則糖溫到達 150°C 的時候，大顆粒的冰糖有可能未完全溶化，吃起來便會咬到硬硬的冰糖。
▪ 糖漿的溫度必須達到 150°C，否則糖果會黏牙。

⏱ 賞味期：

糖果之間以烘焙紙相隔，就不會黏在一起。送人可用塑膠袋分小包包好，室溫低於 20°C，不用放進冰箱，室溫可存放 2 週。

彩虹明膠果凍糖

每一口都嚐到
天然果漾芬芳

沒有一滴人工色素，六種顏色的和諧搭配，過程就像繪畫調色一樣。若想味道更好，可用自製果醬取代配方裡的糖，味道會更棒，顏色相近的水果甚至可以混合搭配，創出驚喜新口味。

天然色素

[材料]
（每種顏色，約 24 顆）

【紅色】
新鮮洛神花 20g
（可用洛神花乾代替，但色澤較暗）
冰糖 50g
（可換成洛神花果醬 3 小匙）
清水 200ml
吉利丁片 15g

★ 預備果汁：
洛神花去核切碎，與清水、冰糖一起放入小鍋裡，中火煮 10 ～ 15 分鐘，花茶變成寶石般的深紅色，用過篩過濾洛神花，留下洛神花茶。

【橙色】
鮮榨橙汁 200ml
Demerara 原蔗糖或二砂糖 .... 1 大匙
（可換成橙果醬 1 大匙）
吉利丁片 15g

★ 預備果汁：
橙榨汁，加入原蔗糖拌勻，用過篩過濾橙肉，留下橙汁備用。

【黃色】（可以百香果汁＋麥芽糖，色澤更鮮黃）
鮮榨檸檬汁 .... 3 大匙
蜂蜜 .... 3 大匙
清水 200ml
吉利丁片 15g

★ 預備果汁：
檸檬榨汁，加入清水及蜂蜜，攪拌均勻。

【綠色】
七蘭葉汁 50ml
（七蘭葉 30g＋清水 80g）
椰青水 150ml
白砂糖 .... 1 大匙
海鹽 .... 適量
吉利丁片 15g

★ 預備果汁：
七蘭葉洗淨、切段，放進攪拌機內，加清水攪打，過濾葉渣。七蘭葉汁放進冰箱過夜，用大湯匙舀起上面的七蘭葉汁，取用沉澱在底部的墨綠色液體，濃縮的七蘭精華才夠香味，混合椰青水，加入白砂糖及鹽拌勻。

【藍色】
蝶豆花乾 1g
麥芽糖 .... 1 大匙
滾水 200ml
吉利丁片 15g

★ 預備果汁：
以滾水沖泡蝶豆花，當花茶變為淺藍色時將蝶豆撈起，加入麥芽糖拌勻。

【紫色】
蝶豆花茶 5g
Demerara 原蔗糖或二砂糖 .... 1 大匙
（可用 1 大匙藍莓果醬代替）
藍莓汁 100ml
滾水 100ml
吉利丁片 15g

★ 預備果汁：
以滾水沖泡蝶豆花茶，過濾，加入藍莓汁及原蔗糖，拌勻，藍莓汁加入後茶色會轉為紫色。

1 果汁試味，確定甜度是否理想。

2 吉利丁片以冷水泡開，待軟化出現黏性後，擠乾水分，隔水加熱使其溶化。

3 吉利丁水加入兩大匙果汁，少量果汁與吉利丁水混合，慢慢攪拌溶合。

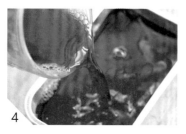

4 吉利丁水加入全部的果汁，攪拌均勻，倒進模具裡。

5 包上保鮮膜，放入冰箱冷藏 5～6 小時，凝固後切丁，或撒上椰絲享用。

✔小叮嚀

- 明膠軟糖的軟硬由明膠與水分、糖分的比例來決定，明膠多比較Q硬，明膠少比較柔軟。
- 明膠糖只能在溫室保持凝固約半小時，享用時才從冰箱取出，要儘快食用啊！
- 明膠糖經過冷藏後的口感沒那麼甜，糖量可自行斟酌。
- 吉利丁片做出來的製成品韌度強，質量比魚膠粉好。
- 鳳梨、櫻桃、奇偉果含有強力的蛋白質分解酵素，加熱後也很難使吉利丁凝固，不適合這個配方。

麻糬冰棋淋
天然水果製作

冰涼 Q 彈的麻糬外皮，濃郁綿密天然水果冰淇淋，一口透心涼，讓你優雅品嚐，不用吃得到處滴、黏答答。麻糬皮冷凍後仍然柔軟，祕密就在海藻糖，海藻糖不會引起梅納反應，保水能力優越，可防止澱粉老化和蛋白質變壞，加入麻糬，麵包或蛋糕中，即使冷凍過回溫都不容易變硬。

[🍴 材料]

😊
天然色素

【麻糬皮】（12 個）

水磨糯米粉..............150g

海藻糖......................50g

清水........................190g

玉米粉....................適量

【草莓冰淇淋球】（6 個）

香蕉........................200g

草莓........................250g

覆盆子......................50g

檸檬汁....................1 大匙

無糖花生醬（見 P.155）2 大匙

蜂蜜........................1 大匙

【芒果冰淇淋球】（6 個）

奶蕉........................240g

芒果........................300g

水果冰淇淋球

1
香蕉剝皮，切薄片。草莓去蒂，切去蒂頭較多農藥的白色部分。分別裝入保鮮袋中，放入冰箱冷凍庫 2 小時或以上，冰硬才能用。

2
把所有冰硬的水果放入調理機，香蕉片、草莓丁若黏在一起盡量用手分開，加入檸檬汁、蜂蜜、堅果醬，以高速攪打至乳化，若感覺有些硬塊仍未打碎，靜待一會讓香蕉稍為回溫，再繼續攪拌至細滑。

3
倒出冰淇淋，放入保鮮盒內，放進冷凍庫 2～3 小時，便可挖球了。

麻糬冰淇淋

1
用冰淇淋勺刮出冰淇淋球，用刀壓平表面成半球體，放在蛋糕矽膠模上，半球體向上，平底向下，放進冰箱冷凍庫約 1 小時成硬實的冰淇淋球。

2
糯米粉加入海藻糖，攪拌均勻，邊攪拌邊加入清水，攪拌至乾粉完全溶化，大火蒸 5 分鐘成麻糬皮。

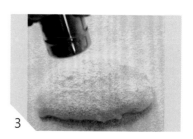

3
工作台上鋪上烤盤布，均勻撒上玉米粉，把蒸熟的糯米皮放在上面，剛蒸熟的麻糬皮很燙及黏手，未放涼前不要用手觸摸。

4

麻糬皮表面再撒上玉米粉，蓋上另一塊烤盤布，用擀麵棍擀薄成約 30x40cm 長方形，用滾刀切割成 12 個正方形，修整邊緣不規則的形狀。

5

用毛刷把麻糬皮表面的玉米粉刷掉，麻糬皮放在保鮮膜上，一層麻糬皮一層保鮮膜分隔開，疊好，防止變乾。

6

保鮮膜放在杯子蛋糕模具上，鋪上麻糬皮，放上冰淇淋球，半球體向下，平底向上，輕輕地把麻糬皮黏在一起，擰緊保鮮膜，包好，底部收口，放在蛋糕模具上定型，放回冰箱冷凍至少 1 小時，即可享用。

🧑‍🍳 肥丁小教室

【海藻糖 Trehalose】

　　海藻糖由天然植物提煉而成。具有保濕及澱粉抗老化特性，甜度低，只有蔗糖的 45%，並能抑制冰晶生長，降低食品在冷凍時因冰晶膨脹所破壞的食物口感。

✔小叮嚀

如冷凍時間長，太堅硬切不開，室溫回溫約 5 ～ 10 分鐘，即可容易切開。

Part 8

手工餅乾
{ Biscuit }

幸福小心意

餅乾的詞源是「烤兩次的麵包」，從法語的 bis（再來一次）和 cuit（烤）而來。最早期的餅乾主要成分是麵粉、水或牛奶，以前是旅行、航海、登山時的儲備食品。

現代廠商為了增加餅乾的吸引力，使口感更酥脆可口，配料經常包含泡打粉、固體的氫化棕櫚油、膨化劑、人工色素和香料等添加物，長期吃增加身體的負擔。

手工餅乾又一點都不便宜，那就自己做吧！為家人的健康把關，沒有機器冷冰冰的模式，準備材料拌一拌再揉一揉，香味四溢的餅乾小點心就出爐了！每片餅乾大小獨一無二，每一口咬下都感受到滿滿的愛心與熱情。

消化餅

迷人麥香
豐富膳食纖維

最早的消化餅含有小蘇打,以前的人以為小蘇打的鹼性能中和胃酸幫助消化,因而得名。現代人則以為消化餅含有「消化」一詞,立即聯想到減肥瘦身。事實上,消化餅真正的好處,是其成分中的全麥麵粉、燕麥含有大量膳食纖維,能刺激腸道蠕動。

不含
泡打粉

[🍋 材料]

（直徑 5cm 圓形餅乾,約 16 塊）

低筋麵粉	70g
全麥麵粉	60g
燕麥麩	20g
無鹽奶油	35g
脫水奶油（見 P.153）	30g
全蛋液	25g
Muscovado 非洲黑糖	25g
古法麥芽糖	10g

1

低筋麵粉、全麥麵粉及燕麥麩混合過篩，若麩皮不能通過網篩，倒回麵粉裡混合。

2

奶油及脫水奶油軟化後，加入非洲黑糖及麥芽糖，用打蛋器打發至柔軟蓬鬆。

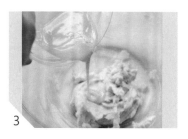

3

分 3 次倒入蛋液，每次加入後用打蛋器充分拌勻才加入剩下蛋液，打成濃稠細滑的麵糊。

4

把麵粉篩入麵糊中，用橡皮刮刀切拌均勻。

5

壓成麵糰，放進冰箱冷藏 1 小時，使麵糰變硬至適合壓模的硬度。

6

從冰箱取出麵糰，夾在兩張烘焙紙中間，用擀麵棍壓成約 0.3cm 的薄片，麵糰左右各放一筷子，有助擀出厚薄均勻的麵糰。

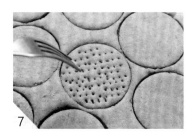

7

用直徑 5cm 的圓形切模壓模，放在烘焙紙上，用叉子刺入小孔。剩下的邊角麵糰重新揉成麵糰，再擀開，再壓模。

8

預熱烤箱，放進烤箱 160℃，約 12 分鐘，餅乾傳出香味，顏色稍為變深便可出爐，放在烤架上放涼。

⏱ 賞味期：

放入密封的盒子，室溫保存約 2 週。

👨‍🍳 肥丁小教室

【燕麥麩 Oat Bran】

燕麥麩是燕麥含有膳食纖維最多的部分，低熱量，含有豐富的 β- 葡聚糖，能降血脂並有益於腸道健康。

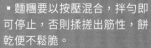

✔小叮嚀

▪ 加入脫水奶油和麥芽糖製作，可延長消化餅酥脆的時間，約 2 週不變硬。
▪ 麵糰要以按壓混合，拌勻即可停止，否則揉搓出筋性，餅乾便不鬆脆。
▪ 奶油不要過分軟化，否則麵糰較濕軟黏手難操作。

威化餅

蓬鬆酥脆，入口即化

威化是英語 Wafer 的釋音，輕盈鬆脆，表面滿布細小的方格，口感和其他奶油餅乾大不同，本身以澱粉（樹薯粉或馬鈴薯粉）和水為主要材料，沒有油脂，低熱量，適合麩質敏感或減重的朋友。只要一個蛋卷模具，簡單的食材，就可以做出無添加劑的美味餅乾。

不含油脂

[🍋 材料]

（18 塊，圓形直徑 16cm）

【原味麵糊】

樹薯粉 100g

榛果粉或杏仁粉 15g

Demerara 原蔗糖或二砂

糖 10g

冷水 100g

滾水 100g

【口味變化】

★ 草莓口味～粉紅色

原味麵糊 + 自製草莓粉 2 小匙

+ 自製紅肉火龍果粉 1 小匙

★ 南瓜口味～黃色

原味麵糊 + 自製南瓜粉 2 小匙

★ 抹茶口味～綠色

原味麵糊 + 抹茶粉 2 小匙

★ 藍莓口味～紫色

原味麵糊 + 凍乾藍莓粉 1.5 小匙

★ 可可口味～棕色

原味麵糊 + 無糖可可粉 2 小匙

1

樹薯粉過篩，加入榛果粉，加入冷水拌均成粉漿。

2

100g 水煮至大滾後，立即一邊沖入麵糊一邊攪拌，直至完全沒有粉粒，成為略濃稠的半熟麵糊。如要做成不同味道，加入不同的天然色素粉末。

3

蛋卷模放在瓦斯爐上，每面小火加熱 1 分鐘至發燙。

4

舀一湯匙的麵糰，放在蛋卷模上。

5

合上模蓋，加熱 1 分鐘，反轉再加熱 1 分鐘，至完全鬆脆熟透表面光滑，如邊緣有凹凸不平，表示火力不均勻，把邊緣放在模具中央，再壓烤 30 秒。

6

放在網架上，冷卻後用刀切成喜歡的大小，可以單吃，或抹花生醬，一層層疊好，即可享用。

⏱ 賞味期：

威化餅容易受潮，放涼後必須放至密封的容器內，加入食用防潮包，賞味期約 4 ～ 5 天。

✔小叮嚀

▪ 麵糰不能太濃稠成糰，也不能太稀。

▪ 餡料適合選用油質的，如各種現磨堅果醬、種籽醬、巧克力。若夾入水分多的餡料，如奶油霜、果醬，威化餅迅速吸收水氣會變軟不脆。

▪ 瓦斯爐的火力比較不均勻，加熱的時間要自己調整。

巧克力餅乾棒
咔嚓鬆脆經典不敗

模仿市面上的一款沾醬餅乾棒，做法簡單的硬餅乾，細細一根，沾上香濃的巧克力沾醬，奶香濃郁，鬆脆可口，還可以沾上榛果碎，味道更富有層次感，完全不可能只吃一根！單吃餅乾棒也很讚。

[🍫材料]（份量約50根）

【餅乾棒】

無鹽奶油......................35g

低筋麵粉.....................150g

Demerara 原蔗糖或二砂糖
......30g（用研磨機磨成糖粉）

鮮奶油......................65ml

岩鹽.....................1/8 小匙

【巧克力沾醬】

Green&Black's 70% 有機
黑巧克力.................150g

【抹茶巧克力沾醬】

Green&Black's 有機 白巧
克力......................150g

日本產抹茶粉
......................2～3 小匙

【草莓巧克力沾醬】

Green&Black's 有機白巧
克力......................150g

凍乾草莓粉或覆盆子粉
......................2～3 小匙

[其他]

保鮮袋 2 個(17.5×18.5cm)

1

原蔗糖用研磨機打成糖粉。低筋麵粉、原蔗糖及岩鹽放入手提調理機中，攪拌均勻。

2

從冰箱取出奶油切丁，加入低筋麵粉中，用手提調理機低速混合，打成餅乾屑的粉末狀態。

3

分2次加入鮮奶油，啟動手提調理機，低速攪拌，混合成麵糰，即可停機。

4

取出麵糰放在工作台上，用手按壓麵糰一下，切開成2等份，重疊，旋轉90度，按緊成長方形麵糰，再切開，重疊，重複3～4次，至麵糰表面變得光滑。

5

把麵糰分成2份，一份放進保鮮袋的正中央，另一份用保鮮紙包好放進冰箱備用。用擀麵棍由上至下，由左至右推開，再從中央往左上角、左下角、右上角及右下角推開，把麵糰擀成四邊平整、厚薄均勻的薄片，放進冰箱冷藏約10～15分鐘，變硬一點容易切成細棒。

6

從冰箱取出麵糰，剪開保鮮袋，翻轉放在鋪有烤盤布的烤盤上，切割成寬約0.5cm的細棒，排好在烤盤上，預熱烤箱至170℃。

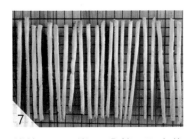

7

烤箱170℃烤10分鐘，取出旋轉烤盤180度，放回烤箱降溫150℃再烤10分鐘，即可取出放在網架上放涼。

8

掰開巧克力磚，放入高窄杯口小的玻璃杯中，隔熱水溶解，攪拌均勻。

9

餅乾放涼後，放進巧克力的杯子裡，將杯子稍微傾斜，讓餅乾沾到最多巧克力，滴落多餘的巧克力，喜歡吃果仁可沾上榛果碎，平放在烘焙紙上，待巧克力乾透便能脫離烘焙紙，即可享用。

⏱ 賞味期：
放入密封盒或保鮮袋中，室溫保存約4～5天。

榛果醬美式巧克力軟餅乾

外酥內軟的特殊口感

美式手工餅乾有一種很特殊的口感，外酥內軟，涼了後有嚼勁，巧克力加熱後半溶化，有別於整個餅乾應該硬梆梆的口感。把一半份量的奶油換成含有豐富的蛋白質和不飽和脂肪的榛果醬，營養更好，微甜不油膩。

[🍫 材料]

😊 低糖

（10 個直徑 9cm）

無鹽奶油....................70g	中筋麵粉....................60g
去皮榛果....................80g	小蘇打...............1/2 小匙
Muscovado 非洲黑糖 40g	岩鹽...............1/4 小匙
全蛋液........................30g	原味生燕麥片........4 大匙
天然香草精........ 1/2 小匙	Green&Black's70％ 有機黑
（見 P.154）	巧克力（可以不放或以堅果代替）

1

榛果鋪平在烤盤上，送進烤箱 100℃烤 20 分鐘。放涼，用食物調理機打成奶油狀的堅果醬；巧克力切丁。

2

大碗裡放入無鹽奶油和非洲黑糖，用手提打蛋器高速打發 2 ～ 3 分鐘，至糖完全溶化，奶油顏色變淺呈軟滑的奶油狀。

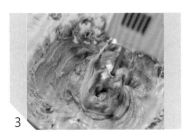

3

加入蛋液和香草精，用手提打蛋器低速打發混合均勻。

4

用網篩篩入中筋麵粉、小蘇打和岩鹽，用刮刀攪拌均勻。麵糰很軟難以成形是正常的。

5

預熱烤箱至 170℃。舀一湯匙球狀麵糊，放在鋪有烤盤紙的烤盤上，用湯匙的底部稍微壓平，每個餅乾之間要預留約一個餅乾的空隙。

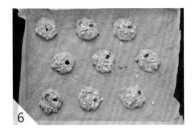

6

在餅乾表面撒一些燕麥，在表面鑲入巧克力丁塊，完成品比較漂亮。

7

送進烤箱 170℃烤 11 ～ 13 分鐘，餅乾逐漸變成扁平狀，邊緣呈現金黃色，關閉電源，打開門，餅乾留在烤盤上 1 分鐘。

8

剛出爐的熱餅乾軟軟的，冷卻後變硬，底部烤成均勻的金黃色，表示烤熟了！

🕐 賞味期：
用烘焙紙分隔餅乾，放入密封盒或保鮮袋中，室溫保存約 4 ～ 5 天。

✔小叮嚀

• 榛果可用其他堅果如花生、美國杏仁取代，不同堅果會有不同的香味。
• 這款餅乾以堅果醬取代一半的奶油，加熱時不會溶化太多，用湯匙壓平有助餅乾變薄一點。
• 美式餅乾的體積比較大，一湯匙球狀的麵糊烤出來的餅乾為一般市售烤餅乾大小，大小可依個人喜好而定，烘烤時依照大小調整烤餅乾的時間。

豆渣義大利脆餅

豆渣不浪費

用豆渣取代一部分的麵粉，製作過程只添加少量的植物油，糖也減至很低，不像傳統義大利脆餅般乾硬，酥酥的很耐嚼，滿滿堅果和乾果的香氣。

[🥄 材料]

😊 不含奶油 少油低糖

（約 25 塊）

冷凍豆渣..................100g

低筋麵粉..................100g

全蛋液 .100g（中雞蛋 2 顆）

Demerara 原蔗糖或二砂糖
..................................45g

Demerara 原蔗糖或二砂糖
........5g（用研磨機打成糖粉）

小蘇打 ....1/3 小匙

塔塔粉 ....2/3 小匙

苦茶油 ....1 小匙

葡萄乾或其他果乾......35g

美國杏仁、腰果、夏威夷豆
..................................65g

1
冷凍豆渣從冰箱取出，捏碎放在烤盤上，送進烤箱 100℃烘烤 30 分鐘，中途取出翻拌一下，把水分烘乾，讓豆渣乾燥至起司粉的狀態，豆渣越乾，餅乾的口感越脆。

2
堅果放入烤箱 100℃烤 10 分鐘，放入石臼稍為敲碎即可；用手指捏碎讓豆渣和麵粉充分混合。

3
低筋麵粉混合小蘇打、塔塔粉，篩入大碗中，加入乾燥豆渣和原蔗糖，攪拌均勻。

4
打散雞蛋，混合苦茶油，倒入低筋麵粉中。

5
加入堅果與葡萄乾，用橡皮刮刀快速把所有材料攪拌均勻，乾濕材料只要混合均勻成麵糰即可，不要過度攪拌，以免麵粉產生筋性，餅乾不鬆脆。

6
麵糰均分成 2 份，放在鋪有烤盤布的烤盤上，塑成約 6×12cm 的長方形。

7
預熱烤箱至 180℃。用網篩在麵糰表面篩入一層薄薄的糖粉，餅乾外皮會更酥脆。送進烤箱，170℃烘烤約 20 分鐘，餅乾表皮變脆硬即可出爐，放在網架上放涼約 15 分鐘。

8
用刀切開餅乾，每塊約 1cm 厚。想要香脆一些，可再切薄一些。餅乾充分冷卻較容易切成片，切面也會比較整齊。

9
把切片的餅乾平鋪在烤盤上，以 150℃烘烤 10 分鐘，取出翻面，再烤 10 分鐘，餅乾邊緣有些微焦，餅乾水分烤乾變得乾脆，放在網架上放涼，即可享用。

✔小叮嚀

▪ 這款餅乾由於加入豆渣，餅乾很快回潮變軟，食用前放進烤箱 100℃烤 5 分鐘就會變回脆脆的。
▪ 豆渣很容易變壞，放入保鮮袋，每包 100g，冷凍庫冷凍，用的時候取出來退冰。

紫地瓜蛋卷
蛋香醇厚薄而鬆脆

[材料]

（30 根，長 14cm）

無鹽奶油	60g
脫水奶油	50g（見 P.153）
全蛋液	150g（中蛋約 3 個）
糖粉	50g
低筋麵粉	55g
紫地瓜粉	30g

純奶油也可以製作出和酥油差不多效果的鬆酥感，只要把奶油加熱蒸發水分，分離乳清，移除最易腐壞的牛奶蛋白質，加入這種「脫水奶油」做出來的蛋卷，濃濃奶油香，一口咬下去，鬆酥得碎了一地，加入紫地瓜粉，粉紫色好浪漫。

1 奶油、脫水奶油室溫變軟，混合糖粉，攪拌均勻即可，不用打發。

2 打散雞蛋，把一半蛋液分次少量加入奶油麵糊中，用打蛋器拌勻，篩入一半低筋麵粉，混合均勻即可，別過度攪拌。

3 加入剩下蛋液，拌均後加入紫地瓜粉及剩下的低筋麵粉，攪拌均勻。

4 蛋卷模兩面小火預熱，不用塗油，加熱至滴水立即蒸發，舀一湯匙麵糊，放在模具上，合蓋加熱約 20 秒至蛋卷邊緣微焦，翻面再加熱約 10 秒至稍微變金黃色，適當移動蛋卷模，讓模具每一處均勻受熱。

5 筷子前後顛倒合在一起，挑起麵餅的一端，迅速捲起，在收尾的地方壓緊 2 至 3 秒，放涼後自會定形，握住筷子粗端，向兩邊抽出。蛋卷放在網架上冷卻，即可享用。

✔小叮嚀

▪ 剛做好的蛋卷如不酥脆，最大的可能是火侯不夠或不均勻，需要增加烘烤的時間。如第二天開始不酥脆，應是受潮變軟，可放入烤箱 100℃ 烤 5 分鐘，冷卻後會回脆。

▪ 蛋卷皮如有小破洞，或邊緣有蕾絲狀，是酥脆的正常表現。如破洞面積比較大，可能是蛋卷受熱不均勻，烘烤時要注意移動蛋卷模。

🕐 賞味期：
蛋卷保存於保鮮盒或保鮮袋中，放入食物防潮包，防止受潮。

怪獸手指餅
萬聖夜親子點心

萬聖節甜品使用的人工色素挺嚇人的，做裝飾還好，吃進肚子裡真的要三思！DIY 恐怖的巫婆手指餅很嚇人卻饒富趣味，非常應景，完全沒有色素，做法簡單，很適合親子一起製作。

[🍋 材料]

（份量 10 ～ 12 根）

無鹽奶油.....................50g

Demerara 原蔗糖或二砂
糖...........40g（研磨成糖粉）

全蛋液 10g

低筋麵粉.....................90g

杏仁粉 20g

美國杏仁.........10 ～ 12 顆

檸檬皮屑............1/2 小匙

🕐 賞味期：
放入密封盒或保鮮袋中，室溫保存約 4 ～ 5 天。

1 無鹽奶油切丁，室溫軟化，用手指按奶油即下陷，加入砂糖，用橡皮刮刀壓軟。加入蛋液拌勻。

3 用手將麵糰捏成手指形，在一端放杏仁當指甲，用小刀劃出節紋。

2 加入麵粉、杏仁粉、檸檬皮屑磨碎，拌勻成麵糰。將麵糰切成手指狀。

4 預熱烤箱 180℃，烘烤 15 ～ 20 分鐘，放在網架上放涼。

椰糖小饅頭
小巧酥脆超可愛

小時候的經典零食，大家都吃過吧！小巧雪白可愛，一打開就停不了口。做法挺簡單的，不添加奶油，用天然不精製低 GI 值的椰子糖，想讓孩子吃得健康又安心的媽咪們，可以自己動手 DIY 試試。

[🥄材料]（約 150 顆）

日本太白粉（片粟粉）100g
低筋麵粉........................10g
椰子糖或棕櫚糖.........20g
全蛋液........................30g
椰漿............................10g
自製無鋁泡打粉 . 1/2 小匙
（混合兩份塔塔粉及一份小蘇打，取 1/2 小匙）

⏱ 賞味期：
儲存於密封罐中，可保存約 1 週。

✓ 小叮嚀

‧ 小圓球越小越脆，若體積太，只有外層酥脆，裡面粉粉的。
‧ 麵糰太乾容易裂開，送入烤箱前可噴少許水，減少裂開的機會。

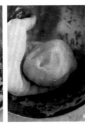

1 雞蛋打散，加入椰漿和椰子糖拌勻，不用打至起泡。分次少量篩入日本太白粉、低筋麵及自製無鋁泡打粉。混合，將鬆散的麵糰搓成光滑，不黏手而軟硬適中，若太乾燥裂開可加點蛋液。如果太黏手多加一些太白粉。

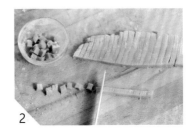

2 在工作台上撒少許日本太白粉，麵糰用擀麵棍擀平約 0.5cm 厚，切成約黃豆般大小的小方丁。搓成圓形。

3 小方丁放在兩個小圓碗中，撒少許太白粉防黏，合上碗，上下搖勻，小方丁自成圓球，將小圓球放在鋪有烘焙紙的烤盤中，圓球間要留些空隙。

4 預熱烤箱至 180℃，放入烤約 5 分鐘，滾動一下小圓球讓烤色均勻，避免底部烤焦，再烤 5 分鐘，取出放涼，儲存於密封罐中。

果醬夾心餅乾
濃濃節日味道

Linzer Cookies 是奧地利經典的傳統甜點，香酥餅乾夾入紅色的紅醋栗或覆盆子果醬。肥丁的配方以無糖花生醬和植物油為主，不含雞蛋奶油，一樣鬆酥可口，酥脆的餅乾融合果醬的甜酸滋味，做好的餅乾隔天再吃，味道更棒！

☺ 不含蛋、奶油

[🍋材料]

（直徑 5.5cm，16 個夾心餅乾）

【果醬材料】

新鮮或冷凍覆盆子 510g
原蔗冰糖...................... 180g
檸檬汁 .... 6 大匙

【餅乾材料】

低筋麵粉...................... 200g

無糖花生醬 ...140g（見 P.154）
楓糖漿 30g
（可用蜂蜜代替，不過蜂蜜加熱後烘焙會有酸味）
米糠油 60g
岩鹽 ....適量

【裝飾】

糖粉 ....適量

[模具]

大模直徑約 5.5cm
小模直徑約 2.5cm

[預備]

玻璃罐用熱水煮約 10 分鐘，再用吹風機吹乾，並把一小碟子放進冰箱冷凍。

1

花生醬、楓糖漿、米糠油及岩鹽放入大碗中，用橡皮刮刀攪拌一下，所有材料混合在一起就可以了。

2

分兩次篩入麵粉，用橡皮刮刀切拌，不要搓揉，切拌至差不多看不到乾粉，像麵包屑般粗糙，用刮刀按壓，整理成一糰，取出放在工作台上。

3

用刮板把麵糰切成兩等份，上下重疊，用手掌輕輕按壓麵糰，旋轉麵糰 90 度，用刮刀切成兩等份，再上下重疊，輕輕按壓。重覆 2～3 次，麵糰就會由粗糙變得光滑。

4

用擀麵棍從麵糰中間依次向前，向後推開麵糰，把麵糰擀成厚約0.4cm 的厚片。如麵糰黏著擀麵棍，麵糰上可鋪上烘焙紙，比較容易操作。

5

用模具從邊緣開始印出餅乾圖案，第一次擀的麵糰最酥脆，盡量減少剩餘的邊角，多印一些餅乾。

6

每個夾心餅乾需要兩片餅乾，所以數量最好是雙數，大模型印好後，取細小的模型，在餅乾中間壓出喜歡的圖案，然後把中間圖案取出來，形成鏤空，鏤空的餅乾佔一半數量就可以。

7

預熱烤箱至 160℃。小心把餅乾轉移至鋪有烤盤布的烤盤上排好，送入烤箱，烘烤約 15 分鐘，烤至表面金黃色，移至網架上放涼。

8

舀一小匙果醬在沒鏤空的餅乾上，不用塗滿整片餅乾，留空邊緣的位置，否則果醬容易漏出。放上鏤空餅乾，輕輕壓緊，成為夾心餅乾。

9

餅乾表面撒上糖粉，即可享用。

🧢 肥丁小教室 ....

【覆盆子果醬做法】

❶覆盆子放入鍋中，加入原蔗冰糖，中火煮至冰糖完全溶化，熬煮成果汁，熄火。

❷用網篩過濾覆盆子籽，用湯勺盡量把果汁壓出。

❸把果汁倒回鍋中，加入檸檬汁，小火熬煮 10 ～ 15 分鐘，果汁越煮越濃稠，滴一滴果醬在冷凍過的碟子上，用手指劃開，清晰看到刮痕，果醬就煮好了。

❹趁熱倒進玻璃瓶中，蓋好瓶蓋，倒轉，靜置一會兒，果醬瓶內就能達到真空效果。

⏱ 賞味期：

餅乾做好放入密封容器可保存 3 ～ 4 天，吃的時候才塗上果醬，因為餅乾塗上果醬後會吸入水氣會變軟。

✔小叮嚀

花生醬可以用其他堅果醬或種籽醬代替。

胚芽土鳳梨酥
酥到入口即化

很多市面上產品是以冬瓜泥添加香精做餡料。此配方以「脫水奶油」取代酥油，不加入添加劑較多的奶粉，酥到入口即化。餡料用自己炒的純土鳳梨，每一口都吃得到纖維豐富的鳳梨餡。

[材料]

（約 20 顆，每顆 20g）

【鳳梨餡】

新鮮鳳梨 .... 1 個

（去皮後淨重約 550 ～ 600g）

原蔗冰糖 90g

古法麥芽糖 60g

乾桂花 10g

【鳳梨酥皮】（約 26 ～ 28 個）

（邊長 4.5cm 正方形模或貓形）

無鹽奶油 210g

脫水奶油 .... 40g（見 P.153）

Demerara 原蔗糖或二砂糖

.... 40g（研磨成糖粉）

全蛋液 60g

杏仁粉 45g

低筋麵粉 320g

中筋麵粉 25g

小麥胚芽 30g

（包裡外皮用，可以不加）

自製鳳梨餡 560g

鳳梨餡做法

1 鳳梨除去頭尾，去皮去釘。
※ 台灣鳳梨沒有釘，此步驟可省略。

2 切成 4 等份，切開纖維較粗的鳳梨芯，磨成泥，其餘的鳳梨肉切成薄片，再切細條。

3 分 2 次將鳳梨肉放入綿布袋中，搓揉擰乾，榨出鳳梨汁，越乾越好。

4 將榨乾水分的鳳梨肉放入平底鍋，加入原蔗冰糖，中火炒軟約 5 ～ 10 分鐘，鳳梨肉變金黃色，加入麥芽糖，小火再炒約 10 分鐘，加入桂花。

5 鳳梨肉翻起來呈黏稠的樣子，離火，放涼。

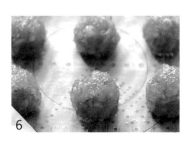

6 分成 20 份，每個淨重約 20g，滾圓，底部沾少許小麥胚芽，便不會黏底。

鳳梨餡做法

鳳梨酥做法

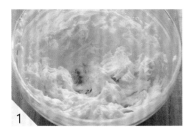

1

奶油室溫軟化，連同脫水奶油、過篩糖粉放入大碗裡，用刮刀攪拌成柔軟的奶油狀，注意奶油不能溶化。

2

分 3 次加入蛋液，快速拌勻。

3

篩入奶粉、杏仁粉、低筋麵粉、中筋麵粉，攪拌均勻，直至麵糰不黏手為止，靜置鬆弛 30 分鐘。

4

分割麵糰，每個重 30g，滾圓備用。

5

用手將麵糰按壓成扁圓形，把鳳梨餡置於中心，包起，收口，別讓餡外露，否則烘烤時會漏餡燒焦，沾上小麥胚芽，用手掌輕輕滾壓。

6

將麵糰輕輕壓入模具中，麵糰均勻緊貼四邊，最好一酥一模一起烘烤。

7

預熱烤箱 170℃，烤 10 分鐘至表面略為金黃色，取出翻面，降溫 160℃再烤 6 ～ 8 分鐘，移到網架上冷卻。

鳳梨酥做法

⏱ 賞味期：
包裝好，室溫可存放 2 ～ 3 天。冰箱保存約 1 週。

✔小叮嚀
鳳梨餡可提早一天準備，冰箱冷藏備用，製作時才分割滾圓。

薑餅人
超可愛越看越捨不得吃

相傳是 16 世紀英國女王將薑餅製成她重要賓客的樣貌，作為宴客的禮物。薑餅充滿著薑、肉桂、丁香的香氣，自己調配香料，以黑糖蜜 Molasses 提升的味道，非常濃郁，很有聖誕氣氛，送給朋友很窩心。用芥花籽油取代奶油，以巧克力和天然色素糖粉裝飾，表情造型隨意變化！

☺ 天然色素 不含奶油

[🥄材料]

（4×10cm 人形餅乾 12 個）

【餅乾體】

低筋麵粉	140g
Muscovado 非洲黑糖	30g
芥花籽油或米糠油	30g
蜂蜜	25g
黑糖蜜	10g
全蛋液	25g
海鹽	1/8 小匙
小蘇打	1/2 小匙
橙皮屑（只要橙色的部分）	1 大匙

牛奶 少量（塗抹餅乾表面用）

【香料】

（混合以下材料取 1 又 1/2 小匙）

肉桂粉	2 小匙
丁香粉	1/2 小匙
肉豆蔻粉	1/2 小匙
薑粉	1/2 小匙

【裝飾】

70% 微黑巧克力	50g
有機白巧克力	50g

★白色糖霜：30g 糖粉 +1 小匙室溫水

★紅色糖霜：30g 糖粉 +1 又 1/2 小匙室溫水 +1/2 小匙凍乾覆盆子粉

★橙色糖霜：30g 糖粉 +1 又 1/2 小匙室溫水 +1/2 小匙紅蘿蔔粉

★黃色糖霜：30g 糖粉 +1 又 1/2 小匙室溫水 +1/2 小匙南瓜粉

★綠色糖霜：30g 糖粉 +1 又 1/2 小匙室溫水 +1 小匙抹茶粉

★紫色糖霜：30g 糖粉 +1 又 1/2 小匙室溫水 + 1 小匙紫地瓜粉

[模具]

人形餅乾模

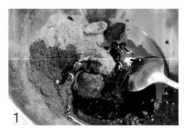

1

大碗裡混合非洲黑糖、黑糖蜜、芥花籽油、蜂蜜、橙皮屑、鹽及香料，靜置 5 分鐘讓材料充分融合。

2

加入雞蛋，用電動打蛋器中速攪拌 2 分鐘，糖糊變成淺棕色。

3

低筋麵粉及小蘇打過篩加入蛋糊中，用手搓揉成麵糰，移到工作台上，麵糰混合均勻即可，不用過度搓揉。預熱烤箱 160°C。

4

烤盤布上撒少許麵粉，用擀麵棍將麵糰擀薄至約 0.4cm，麵糰每擀幾下便要翻面撒上少許麵粉，以防黏底。

5

大塊薑餅在轉移的過程中容易破裂或變形，直接在烤盤布上用餅乾模壓出形狀，然後取走切出來的部分，餅乾加熱後會膨脹少許，每個餅乾之間要預留多點空間。

6

餅乾表面塗抹一層薄薄的牛奶，烤好後餅乾表面更光滑。

裝飾

7

送入烤箱，大餅乾烤約 13 分鐘，小餅乾烤 10 分鐘。當餅乾能輕易脫離烤盤布便是熟了，可取出於烤架上放涼。

8

黑、白巧克力分別放入兩個碗中，隔熱水加熱調溫，溶解至光滑，攪拌均勻。

9

薑餅人放涼，把手、腳和頭部浸入白巧克力中，放在餅乾模上風乾，乾透後再放入黑巧克力中。

10

調製糖飾。糖粉加入天然色素粉末，分次少量加入室溫清水，慢慢混合成濃稠有光澤的糖霜，若太乾加點水。

11

擠花袋的尖端剪個小洞，套上擠花嘴，並將糖霜裝入擠花袋裡。

12

在薑餅上擠出喜歡的線條和圖案。

13

糖飾完全乾透後，放入漂亮的包裝袋裡，綁上蝴蝶結。

⏱ 賞味期：

剛出爐的薑餅很酥脆，包裝好後存放在密封的容器盒內，寒冷的天氣可保存 4 ～ 7 天，時間越長餅乾越鬆軟。

✓ 小叮嚀

▪ 不同花源的蜂蜜濃調度和結晶度不同，流質較稀的蜂蜜會使麵糰過於濕潤，難以操作。結晶度高的蜂蜜較適合，如苜蓿蜂蜜 Clover Honey 和荔枝蜂蜜。
▪ 若麵糰過濕出現難以壓模的情況，可酌量多加麵粉，或放進冰箱冷藏一會兒。
▪ 薑餅人做好 2 ～ 3 天後，天然色素的糖膏氧化退色是正常現象。

👨‍🍳 肥丁小教室

【黑糖蜜 Molasses】

甘蔗榨汁，重複濃縮分離出糖結晶後，留下的黑色黏稠糖漿，就是糖蜜，完整保留甘蔗原有的天然風味。濃稠、深黑、少甜、微苦，非常適合製作薑餅人。可選購有機且未經硫化（Unsulphured）黑糖蜜。

Part 9

蛋糕
{ Cakes }

幸福魔法的愜意茶點

蛋糕，並非一定是名店精緻點心，不管出現在哪個場景裡，都有一種讓人綻放笑容，放鬆心靈的神奇魔法力量。暫時放下忙碌的工作，懶洋洋聽著音樂，一邊品嚐著誘人的小蛋糕，放鬆神經，如此美好的午後，想想都覺得很享受啊 ～

堅持一貫的無添加原則，這個系列的蛋糕小點心，沒有泡打粉、人工色素、氫化油，減油少糖。純樸不造作的迷你銅鑼燒、可愛討喜的林明頓、一口接一口的迷你鬆餅，哪一款最討你歡心？

迷你銅鑼燒

哆啦 A 夢的最愛

利用打發雞蛋加入空氣，不用加泡打粉也可以做出鬆軟好吃的銅鑼餅皮，迷你銅鑼燒一口一個，因為面積小，連分蛋法也省了，蛋黃連蛋白一起打至起泡，輕手翻入糖水和麵粉，小心不讓麵糊消泡，加入甜度適中的紅豆餡，哆啦 A 夢一定搶著吃哩！

[🍳材料]

（直徑 4.5cm 50 塊，可做 25 個銅鑼燒）

全蛋液 100g

Demerara 原蔗糖或二砂糖 35g

味醂 ....1 大匙

蜂蜜 ....1 大匙

日本醬油............. 1/2 小匙

清水 50ml

低筋麵粉...................100g

自製紅豆餡 160g（見 P.153）

1

味醂、蜂蜜、日本醬油及清水混合成糖水，拌勻備用。

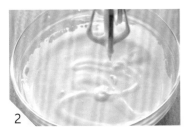

2

全蛋液加入原蔗糖，用電動打蛋器打至蓬鬆泡沫泛白，用打蛋器舀起材料寫字，還能稍微留下痕跡，泡沫呈現細綿綿的狀態，即發泡完成。

3

分次加入一半步驟 1 混合的糖水，刮刀由容器垂直切入底部，將蛋糊由底部輕輕向橫翻動到上面，一手轉動容器，一手翻拌 3 至 4 次，切勿打轉攪拌，造成消泡。

4

低筋麵粉篩過，分為兩份，一份平均灑在蛋糊上，以步驟 3 的翻動方法，直至乾粉與蛋糊均勻混合，看不到粉粒，容器邊緣的蛋糊也要刮下來混合。

5

加入剩餘的糖水，翻拌數次，篩入剩下的麵粉，翻拌均勻。

6

平底鍋加熱至噴水能立即蒸發，即可將 1 小匙麵糊滴落鍋中，鬆餅開始冒出小泡泡，翻面。

7

兩面煎為金黃色，同時可煎數塊。

8

趁外皮溫熱夾入紅豆餡不易脫落。翻拌數次，篩入剩下的麵粉，翻拌均勻。

⏱ 賞味期：

室溫 20℃或以下，可放在室溫保存 1 ～ 2 天。天氣太熱要放進冰箱冷藏，賞味期 2 ～ 3 天。

👨‍🍳 肥丁小教室 ....

【味醂 Mirin】

日本調味料。由甜糯米及酒麴釀成，甘甜有酒味。含約 40 ～ 50% 糖分及約 14% 酒精。能去除腥味，增加食物的光澤，使成品外觀看起來更可口。

港式紙包蛋糕
會呼吸的輕柔軟綿

「紙包蛋糕」是香港茶餐廳的經典點心，以烘焙紙包裹著，兩三口吃完的迷你戚風蛋糕，濃郁的蛋香，那蓬鬆的口感，一吃就回不去了。在家也可以輕鬆做，只要分別打發蛋白和蛋黃，即使不用泡打粉一樣超鬆軟。將奶油改為植物油，基礎配方加入七蘭葉，口味更清新！

[🥄材料]

（5cm（底）×6cm 高蛋糕杯 6 個）

蛋黃 150g
（中型蛋 6 顆，不連殼每顆淨重 50g）

蛋白 125g

低筋麵粉 80g

玉米粉 20g

米糠油 70g

Demerara 原蔗糖或二砂糖 .... 40g（研磨成糖粉）

七蘭葉 4g

牛奶 120g

不含泡打粉 ☺

1

七蘭葉剪去根部，洗淨，剪碎，加入 120g 的牛奶打汁，靜置 1 小時，讓精華沉澱杯底，不要攪動，輕輕舀起上層的牛奶，取用剩下的 70g 牛奶。

2

烘焙紙剪成 20x20cm 的正方形，沿著烤杯平均地摺出四角，摺好放入烤杯中，套上另一個烤杯壓實。蛋糕烘焙後會升高膨脹，烘焙紙的高度比烤杯要高約 2 ～ 3cm。

3

低筋麵粉、玉米粉過篩，加入七蘭葉牛奶及米糠油，攪拌均勻，不要過度攪拌，否則麵粉起筋，蛋糕不細滑。

4

蛋黃打發均勻，加入剛攪拌好的麵粉糊，用電動打蛋器低速將材料攪拌均勻成蛋黃糊。預熱烤箱 200℃。

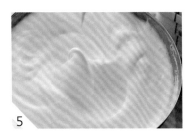

5

蛋白以最高速打至起泡，分 3 次加入原蔗糖粉，打至勾起小彎勾，若打過頭蛋白結成硬泡狀，蛋糕的氣孔過大，會影響蛋糕鬆軟的口感。

6

蛋白霜分 3 次輕輕拌入蛋黃糊中，用切拌的方法混合至沒有粉粒。

7

麵糊平均倒入 6 個烤杯中，送入烤箱降溫至 180℃烤 20 分鐘，放在網架上冷卻。

✔小叮嚀

▪ 原味蛋糕，牛奶 70 g 加入 1/4 小匙天然香草精，取代七蘭葉牛奶。

▪ 混合蛋白霜和蛋黃糊的手法要快，力道要輕，盡量不要壓破氣泡，過程要一氣呵成，否則氣泡擺放太久會破碎影響質感。

▪ 沒有泡打粉，蛋糕冷卻稍微回縮是正常現象。

🧑‍🍳 肥丁小教室

【七蘭葉／班蘭葉】

東南亞常用的香料之一，香味清新，打成汁液添加在甜點內，是帶有香味的天然色素。香港印尼食品店有賣包裝好的冰鮮葉片，台灣花市有盆栽出售。

檸檬林明頓
甜酸清爽的咖啡茶點

林明頓在大家很熟悉的咖啡連鎖店和快餐店有售，口味很多，傳統用巧克力包裹蛋糕，肥丁更愛檸檬味，膨鬆柔軟的海綿蛋糕沾上檸檬蛋黃醬和椰絲，甜甜酸酸好清爽。材料中沒有乳化劑，但非常鬆軟，為林明頓加分不少。

[🍋 材料]

（8x8 吋 /20cm 正方形模具，可製作約 4.5cm 立方體蛋糕 16 塊）

【蛋糕體】

全蛋液 260g（約 4 又 1/2 個）

Demerara 原蔗糖或二砂糖.............................80g

蜂蜜............................14g
古法麥芽糖.................14g
低筋麵粉....................150g
無鹽奶油.....................20g
牛奶............................35g
椰絲............................160g

【檸檬蛋黃醬】

（可製作約 400g）

雞蛋..........................2 顆
檸檬汁 ..... 160ml（約 4 個）
檸檬皮屑.....................2 個
蜂蜜...........................100g
無鹽奶油.....................120g

1
模具鋪好烘培紙。蜂蜜及麥芽糖加熱至 40℃，隔水加熱保溫。小鍋裡加入無鹽奶油和牛奶，備用。

2
全蛋加入原蔗糖，底下放一盤熱水加溫，用手提打蛋器打發，蛋糊變稠，顏色變淺，泡沫變細，體積明顯增加，拿起打蛋器能滴出明顯痕跡，別過度打發，否則蛋糕會過度膨脹裂開。

3
小火加熱奶油和牛奶至 80℃，使水分和油分乳化。千萬不能煮沸，拌入麵糰時在爐旁觀察溫度。

4

低筋麵粉過篩，分 8 次加入蛋糊中，混合時刮刀垂直切入蛋糊中，向 9 點鐘方向從底部翻起，左手以逆時針方向轉動 90 度，刮刀再次垂直切入蛋糊中，重覆直至看不見麵粉，刮刀要輕及快，直至麵粉完全篩入。

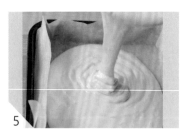

5

預熱烤箱 170 度，將熱牛奶和奶油加入蛋糊中，以切拌的方式混合均勻。倒入鋪有烘焙紙的模具中，放入烤箱以 160℃ 烤 20 分鐘。

6

取出蛋糕，連同模具一起放在網架上，用湯匙敲一敲，散走熱氣。從模具取出蛋糕，拿走烘焙紙，放在網架上冷卻，蛋糕切成 16 大塊。

7

每面沾上檸檬蛋黃醬，把多餘的醬料抹掉，再放入椰絲中，每一面蛋糕均勻沾上椰絲，即可享用。

⏱ **賞味期：**
未沾蛋黃醬的蛋糕放入保鮮盒冰箱保存，3 ～ 4 天內吃完。

✔ **小叮嚀**
▪ 電爐加熱液體到適當的溫度後關掉，熄火後可利用餘溫保溫。
▪ 蛋糕不要切太小，否則檸檬蛋黃醬的比例便會增加，吃起來比較甜膩。

👨‍🍳 **肥丁小教室**

【檸檬蛋黃醬做法】
❶ 玻璃瓶放入沸水中煮 10 分鐘消毒，用電風筒吹乾。奶油切丁，放在冰箱裡備用。
❷ 檸檬削皮屑，只要黃色的部分，白色是苦的。檸檬切半，榨汁，削了皮的檸檬較容易榨汁。
❸ 預備小鍋，放入熱水煮沸。把雞蛋、檸檬汁、檸檬皮屑及蜂蜜放入不鏽鋼盤中，用打蛋器攪拌至混合。
❹ 把裝了蛋漿的不鏽鋼碗放在熱水煮沸的小鍋上，將火力轉至最小，持續攪拌，讓液態的蛋水慢慢乳化，煮成濃稠的蛋糊，過程需時約 10 ～ 12 分鐘。
❺ 從冰箱取出奶油，邊攪拌邊加入蛋糊中，利用蛋糊的餘溫溶化奶油。
❻ 喜歡細滑一點，過篩，放入玻璃瓶保存，存放冰箱賞味期約 2 週。

迷你鬆餅
一口一個的鬆酥

想吃下午茶又不想大費周章，把冰箱裡常備的食材拿出來攪攪拌拌，做成小巧鬆餅，一口一個，厚實而鬆酥，只要簡單的食材和鬆餅模，不用半小時就可以完成，做好的麵糰可放在冰箱，需要時即烤即吃，好方便啊！

[🥣 材料]（約 28 個）

低筋麵粉	170g
玉米粉	5g
Demerara 原蔗糖或二砂糖	40g
岩鹽	少許
鮮牛奶	2 大匙
雞蛋	1 顆
脫水奶油	45g

（見 P.154，也可以無鹽奶油代替）

[模具]

鬆餅模

1

麵粉及玉米粉過篩，加入原蔗糖及海鹽拌勻。加入鮮牛奶及雞蛋，用刮刀把材料混合均勻，刮刀要垂直把半乾濕的麵糰切成粗顆粒，不要搓揉以免起筋。

2

麵糰分割 4 份，每份再分割 8 份，共得 32 份，搓圓成球狀。麵糰分割多少份可視模具大小調整。

3

鬆餅模不用塗奶油，直接把瓦斯用鬆餅模放在瓦斯爐上加熱，如用鬆餅機預熱到指示燈熄滅。在鬆餅模十字型的位置放上小麵糰，視你的鬆餅模有多大，模型大可一次放多一些，肥丁的模具可一次放 8 個。

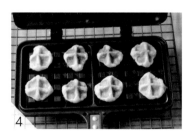

4

鬆餅模蓋好，加熱約 2～3 分鐘，打開取出。小火烤 1 分 30 秒反轉烤另一面。時間視火力調整，第一次先用 1 個麵糰測試。鬆餅表面微焦，外皮脆硬即完成，倒出放在網架上放涼。

⏱ 賞味期：
新鮮做好的鬆餅最好吃，放入密封的盒內，2 天內吃完。

✔ 小叮嚀

• 未烤的麵糰用保鮮膜包好，放進冰箱冷藏，吃的時候拿出來退冰，變軟就可以烤熟，隨時吃到新鮮的鬆餅。

• 採用乳清和水分分離的脫水奶油製作，鬆酥感更好，即使第二天吃也不會變硬。若用無鹽奶油製作，第二天便會變得很硬。

145

冰皮月餅
Q 軟清涼的月之餅

不用高溫烤製的中秋節月餅，外皮由糯米粉，粘米粉、澄粉搭配油、牛奶蒸熟冷卻後做成的。純白色的外皮白裡透餡，像極了夜空上的一輪明月，運用蔬菜天然色素粉做出多彩繽紛的外皮，清甜沁心的天然內餡，更令人驚喜。

[🥄 材料]

【冰皮】

（**直徑 5cm 約 32 個，每色 8 個**）

水磨糯米粉 120g
在來米粉或粘米粉 80g
低筋麵粉 30g
澄粉 20g
Demerara 原蔗糖或二砂糖 70g
牛奶 500ml

米糠油 .... 6 大匙
煉乳 .... 6 大匙
糕粉 .... 50g（以糯米粉炒熟）

【冰皮顏色】

（**冰皮餅皮每份 180g/ 每色 8 個**）

★紅：紅肉火龍果粉 2 小匙
★橙：南瓜粉 6 小匙
★綠：抹茶粉 2g
★紫：紫地瓜粉 6 ～ 7 小匙

【餡料】（**每個月餅 40g**）

紅豆餡／綠豆餡／紫地瓜餡 .... 1280g（見 P.153）

[模具]

63g 月餅模

4

將糯米粉、粘米粉、低筋麵粉、澄粉及糖放入大碗中，分次加入牛奶攪拌，均勻後加入煉乳及米糠油，繼續攪拌均勻，油不容易被粉漿吸收，過篩數次才能順利混合。

5

粉漿用網篩過濾兩次，確保沒有凝固的硬塊，倒入糕盤，油脂浮面是正常的。大火蒸 30 ～ 40 分鐘，時間依據麵皮糊的厚薄，插入竹籤測試，沒有厚厚的麵糊黏著便算熟了。

6

量度餡料的重量，滾圓。每個餡料重 40g。

4

剛蒸熟的冰皮麵糰，油水尚未全完混合，分為 4 份，分別加入天然色素粉，用烤盤布包反覆對摺，搓揉均勻至柔軟有彈性。

5

冰皮麵糰用塑膠刮刀分割，每種顏色分成 8 份，每個約 30g。

6

工作台作撒上糕粉，將沾滿糕粉的冰皮麵糰滾圓，蓋上烤盤布，壓扁麵糰，右手滾動擀麵棍，左手轉動餅皮，擀成中心厚邊緣薄的圓形餅皮。

7

包入餡料，收口，塑成窄長的橢圓形，直徑比模具稍為小一點，收口向上，圓軸正央放入模中。

8

將餅模平放在工作台上加壓。

9

推出，用毛刷輕輕刷去多餘的糕粉。

 賞味期：

冰箱冷藏，避免放在出風位置。包裝盒最好密封，裡面放 1 ～ 2 片廚房紙巾，廚房紙巾變濕濕的就更換，2 ～ 3 天可保持柔軟。月餅切開要儘快吃掉，一般不能放置超過兩小時。

✔小叮嚀

餡料和冰皮可提前一天製作，放在冰箱。餡料要紮實，水分不能太多，冰皮的形狀才漂亮，否則易塌或變形。

肥丁小教室

【澄粉 Wheat Starch】

澄粉從小麥提取澱粉所製成，在加工小麥製成麵粉的過程中，把麵粉裡的粉筋與其他物質分離出來，粉筋成為麵筋，剩下的就是澄粉，不含麵筋，黏度和透明度較高，主要用製作中式糕餅或點心的粉皮。網路下單，拍賣食品的能找到。

天然色素～
大自然的調色盤

　　七彩繽紛的食用色素添加到食物中，雖然可以改善食品的外觀，刺激食欲。不過若攝取過量，無疑會增加身體負擔。有研究指出，標示為黃色 4 號、5 號、紅色 6 號、紅色 40 號人工色素，與孩童過動及注意力不集中有關，並可能造成兒童智商下降。

　　大自然這麼多神奇色彩的食物，本身是一種營養素，不好好運用豈不可惜？把平時吃不完的水果和蔬菜，或風乾打磨，或榨汁濃縮成液體，一樣可以替食物添上漂亮彩妝。

天然色素是有味道的

★來自蔬菜水果的天然色，因為顏色來自真正的食物成分，不論是粉末或液態，其風味會保留下來，不過一般使用天然色素佔整體配方比例不多，味道被其他食材稀釋，本身的味道並不凸顯。

接受天然色素的不穩定

★天然色素的顏色是不穩定的，容易受到氧化、光照、溫度、pH 值及其他材料互相的影響，完成擺放數天可能會出現褪色或變色，影響其著色效果。

★使用天然色素是有挑戰性的，每批的蔬菜水果存在微細的差異，每次的製成品都未必一模一樣。

★天然色素色調柔和，不像化學提煉的人工合成色素色調強烈。

★天然色素加入其他食材後，例如麵粉、水，原來鮮豔的顏色被稀釋變淺變淡屬於正常。

★含有花青素的水果及蔬菜，對熱非常敏感，加熱後顏色可能會變得暗黑不亮麗。

粉末 VS 液體

★液體天然色素含有水分，不宜久放，要即做即用。

★天然色素粉末是極為乾燥的產品，細菌、黴菌缺乏水分就難以生長，不需要防腐劑，可以室溫保存 2 ～ 3 個月，存於密封的容器內加入食用防潮包，可防止結塊。

★各種植物的根、莖、花、葉、果實可以取得天然色素，果汁或蔬菜汁是比較容易獲得的液體天然色素，但並不是每一種都能有良好的染色效果。

★除了抹茶粉和可可粉，製作工序繁複，不能在家裡自行製作。大部分水果和蔬菜都能脫水製成粉末。高糖水果脫水磨粉後較容易受潮，粉末容易結塊。

★葉菜、水果經過乾燥脫水，磨碎而成的粉末色素。含有澱粉質的根莖類蔬菜先蒸熟壓泥再打磨比較容易研磨成粉末。

真空冷凍乾燥

★凍乾機是將含水食物預先凍結，然後在真空狀態下將其水分昇華而乾燥的一種技術。經冷凍乾燥處理的物品易於長期保存，加水後能恢復到凍乾前的狀態並保持原有的特性，這技術乾燥有異於熱風乾燥，食物顏色保存比較好。凍乾技術成本高，並未普及於家庭電器，市面有一些註明 FreezeDried 的水果或蔬菜，就是使用這種技術乾燥脫水。

天然色素的運用

★不能包含液體的配方，如餅乾、馬卡龍，只能使用乾燥脫水的天然粉末。粉末的滲透力比較慢，與麵粉或澱粉等混合後，靜置約 5 ～ 10 分鐘，色素就會更好滲入麵糰裡面。

★可可粉、咖啡粉、茶葉、乾花和香料，已經是粉末狀的，可直接使用。

★水果直接打成果汁，加水打會稀釋顏色，染色效果較弱。葉菜類先汆燙，再加清水打成蔬菜汁。

★大部分的乾燥的粉末可溶於水或液態材料。

★粉末若要加入蛋白霜中，可能出現結塊現象，加入時要用網篩過濾。

肥丁常用的天然色素

粉末

紅色

草莓粉： 草莓的漂亮顏色來自於花青素中的矢車菊色素和天竺葵色素，容易氧化，做好要盡快使用。市售有一種凍乾草莓粉，能保留草莓的鮮紅色，染色效果較好。

覆盆子粉： 含有花青素中的四種青色素和兩種天竺葵色素，微酸，市面有一種凍乾覆盆子，買回家研磨成粉末，能把食材染成漂亮的粉紅色。

紅肉火龍果粉： 濃度高，染色力強，會隨著排泄物排出體外，是消化系統的正常現象。火龍果與牛奶不宜同時食用，以免影響消化。

橙色

紅蘿蔔粉： 其胡蘿蔔素是橙色的光合色素，保護光合作用免於受到紫外線破壞，染色效果穩定，不過味道比較強烈。

黃色

南瓜粉： 含 β- 胡蘿蔔素，顏色比紅蘿蔔粉淺，南瓜粉味道較容易接受，適合做甜味的點心。

綠色

抹茶粉： 含有的天然葉綠素一般都不耐高溫，在烘培過程褪色或變暗是正常現象。製作抹茶專用的玉露茶成本極高，日本京都產的抹茶品質較好。並不是越綠越好，在烘培行材料行購買的平價「抹茶粉」或「抹茶風味粉」，有可能加入人工著色劑銅葉綠素。

紫色

紫地瓜粉：紫色来自花青素，遇酸性（指 pH 值，不是味道）變紅，遇鹼性變藍。若與小蘇打或泡打粉同時使用，會變成灰藍色。花青素是水溶性色素，泡水掉色是正常現象，不過若紫地瓜在若泡水後全部掉色，或表裡顏色不一致，有可能是商家用普通甘薯染色而成。

Purple Sweet Potato

棕色

無糖可可粉：可可豆經過發酵、乾燥、烘焙、研磨，製成可可汁，可可汁再製成可可脂與可可粉。

Cocoa

黑色

黑芝麻粉：製作芝麻糊後剩下的芝麻渣，壓平烘乾研磨而成。

Sesame

液體

　　食材直接打成果汁，茶葉、花茶等可以水泡開，適合冷點、麻糬及果凍。

紅：洛神花、覆盆子、小紅莓、櫻桃、
　　石榴、紅肉火龍果、西瓜、番茄
橙：橙、葡萄柚 *
黃：百香果 *、鳳梨 *、芒果 *
綠：香蘭葉汁、小麥草、奇異果 *
藍：蝶豆花
紫：藍莓、黑加侖子、黑桑椹、葡萄
（* 含有溶解蛋白質酵素，若配方裡含有吉利丁，可能無法凝固。）

自製食材

懂得善加利用預先做好的食材,日後做點心,
自然能隨心所欲,這就是廚房的智慧。

自製脫水奶油

[🍋 材料]

(可做出約 200g 的脫水
奶油)

無鹽奶油..................250g

(留意食物標纖上沒有添加劑,
成分越簡單越好)

1. 無鹽奶油切小塊,放進鍋裡,以最小火讓奶油油慢慢融化,不要攪拌。
2. 中火煮至沸騰,表面浮起白色泡沫,輕輕用湯匙舀起,完全去除白色泡沫後,轉至
   小火,當奶油不再冒出泡沫,代表水分已經完全蒸發,離火。
3. 靜置幾分鐘,白色乳清便會自然分離沉殿在底部,脫水奶油浮在上面。
4. 用棉布袋過濾,倒入清潔的玻璃瓶。當看到鍋底的白色浮清時停止傾倒,用湯匙小
   心將浮起的脫水奶油舀起放進濾袋中。每 50g 一個容器,方便使用。
5. 未凝固的液態脫水奶油很清澈,冷藏凝固後色澤變為淡奶黃色。使用前,從冰箱取
   出回溫至稍軟,不要過度軟化,否則麵糰很難操作。

自製紅豆餡

[🍋 材料]

紅豆	250g
Demerara 原蔗糖	100g
古法麥芽糖	2 大匙
澄粉	15g
油	1 大匙
海鹽	少許
清水	1000ml

1. 紅豆泡水 2 小時或以上,倒掉泡過的水。放入鍋中,加入
   1000ml 的清水,煮滾後,調為小火熬煮約 30 ～ 45 分鐘把紅
   豆煮軟,直至剩下少許水分,加入原蔗糖及海鹽,拌均。用手
   提攪拌棒打成紅豆泥。
2. 加入麥芽糖、油,小火加熱。不停攪拌,讓水分蒸發,小心焦底,
   用網勺過濾澄粉,加入紅豆泥中拌勻即可。

自製無糖花生醬

1. 花生放在烤盤上，份量隨意，送入烤箱以 120℃烤約 20 分鐘。家裡沒有烤箱，下鍋炒也可以。
   高溫烘焙花生比較容易觸發過敏反應，也會破壞營養成份，最好以烤熱但不上色為準。
2. 花生稍為放涼，用手磨擦花生，花生殼便很容易剝下。
3. 放入攪拌機中，先把花生打碎成顆粒，若想製作粗顆粒花生醬，可盛起少許，待花生醬打好
   後混合。把花生打成細滑的乳脂狀，打發次數越多，花生醬越幼滑流動，可隨意調整，打到
   想要的硬度，就完成了，放入消毒過的玻璃瓶，冰箱保存 3 個月。

自製天然香草精

[🍋材料]

香草豆莢............4 ～ 6 根
（越多越香）

Vodka 伏特加酒.....250ml

1. 將可密封的玻璃容器放入鍋中，倒入冷水，煮滾 10 分鐘，放入 100℃烤箱烘乾，或
   電風機吹乾。
2. 用刀直向剖開香草豆莢，用手稍微剝開，露出裡面的籽，用刀背輕輕把裡面的黑籽
   刮下來，別太用力。連同黏膜刮下的籽很難在酒精中散開。
3. 伏特加倒進玻璃瓶內，加入香草籽及剖開的香草枝，均勻搖晃瓶子，存放於陰涼處，
   第一週最好每天搖一搖，之後每 2 ～ 3 天搖晃一次。酒精的顏色會慢慢變深，味道
   漸漸被香草豆莢取代，9 個月至 1 年後便可使用。

自製蒜粉、
洋蔥粉、薑粉

[🍋 材料]

洋蔥 ....340g(2 個)

（可製作約 40g 洋蔥粉）

獨子蒜頭......200g(10 顆)

（可製作約 80g 蒜粉）

薑

1. 洋蔥切去根部，抓緊頂部，用切片器切成薄薄的洋蔥圈。
2. 蒜頭切去根部，便能用刀輕易去皮，用切片器切成薄薄的蒜片。
3. 薑去皮，用切片器切成薄薄的薑片。
4. 把洋蔥、蒜頭鋪在烤盤上，放入乾燥機以 70℃烘乾。蒜片和薑片約 4 小時脫水，洋蔥約 2 小時脫水，薄片變得硬脆就完成，適合在天氣乾燥的日子製作。
5. 用研磨機打成粉末，放入保鮮袋或密封的玻璃瓶，可存放半年。

自製鹽麴

[🍋 材料]

白米麴種...................100g
海鹽.................. 20 ～ 25g
礦泉水 150ml

1. 玻璃瓶洗淨，用吹風機吹乾，把白米麴種用手指撥碎，放入瓶中。
2. 加入海鹽及礦泉水，攪拌均勻。
3. 鹽麴在低溫下慢慢發酵為佳，夏天需放進冰箱，每天取出來攪拌，約 1 ～ 2 週，米麴由顆粒狀變成糊狀即發酵完成，取用的湯勺必須乾爽無水無油。冬天室溫放置 1 週，每天攪拌一下，待它發酵完成，放回冰箱保存。

專欄 3

無添加點心 Q & A

1、肥丁選擇食材以什麼為準則？

✓ 蔬菜水果選新鮮的，一些很難買的水果才退而求其次選擇冷凍。

✓ 盡量選購未經處理的原材料，肉買整塊，不買切好、預先絞碎的或調好味道的半加工食品。

✓ 半製成品，如果醬、堅果醬、香草精、餡料，買新鮮食材自己加工。在自己看得見的地方少吃很多添加劑。

✓ 麵粉、奶油、糖、鹽、調味料。由於有專業的生產機械及繁覆製造流程，比較難自己製作，盡量選購有機、不漂白、添加劑種類較小的產品。

✓ 盡量選擇有機食材，經過基因改造的食物，可能具有人體未曾接觸過的蛋白質或其他物質，對於這些未曾見過的蛋白質或物質，有些人會特別敏感，進而產生過敏反應。

2、如何挑選現成的包裝食材？

✓ 各種成分是按添加量的多少而排列，排列越前的成分，含量越高，排名越後，成分比例越少。食物添加劑的數目字越多，代表越不是天然食物。

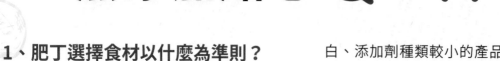

3、原蔗糖可以用白砂糖代替嗎？

✓ 糖就是糖，分別是煉製的過程。白砂糖是精製蔗糖，在甘蔗的製糖過程中，添加少量二氧化硫把甘蔗的糖蜜Molasses除去，過濾，結晶、脫色精煉而成，除了甜味，營養和甘蔗的香味幾乎完全喪失，被營養學家稱為空白的卡路里。糖粉是白砂糖研磨的細粉，冰糖由白砂糖提煉再結晶。

✓ 原蔗糖的製作方法和白砂糖最大的分別，是煉製的過程較少甚至沒有化學程序，例如把甘蔗汁煮開蒸發水分，再提純去掉表面的糖蜜和雜質，有嚴格的製糖程序。這些糖以製作方法或產地命名，名字如商標，購買進口的糖一定要認識它們的英文名稱，才不會買到以白砂糖加入人工色素，魚目混珠的產品。

✓ 味覺對於「礦物質」較為敏銳，精製程度較低的含蜜原蔗糖保留較多的礦物質，所以嚐起來比白砂糖「甜」，糖精製程度越高純度越高是越不甜的。白砂糖的配方換了原蔗糖，糖的份量減少約10%，能達到相同的甜味。

4、肥丁常用的原蔗糖有哪幾種？

✓ Demerara原蔗糖、Turbinado夏威夷螺旋糖、台灣的二砂糖。特徵是乾燥，糖粒粗糙，味道溫和，適合取代白糖，用研磨機打成粉末，可取代糖粉。

✓ 若製成品沒有顏色的限製，肥丁喜歡用非洲黑糖Muscovado、椰糖Coconut Sugar或棕櫚糖Palm Sugar。這些糖幼細濕潤，香味濃郁，不用加熱也能輕易溶解，容易與其他食材混合。

5、為什麼不用精鹽？

✓ 精鹽通過化學加工，大部分礦物質都在精製過程中除去，氯化鈉含量超過99%，沒有任何苦澀的味道，但也失去豐富的天然風味。肥丁喜歡用喜瑪拉亞岩鹽Himalayan Salt或天然海鹽。這些鹽的加工過程比較嚴謹，例如不以金屬接觸鹽，避免加熱，天然曬乾，以保留天然的鮮味，呈現獨特的結晶紋理。凝固在天然海鹽中的海洋礦物質，可襯托甜味，令食物味道更渾厚和豐有層次感。購買時一定會注意產地，因為產地便是風味所在。肥丁常用的海鹽有英國的Maldon和法國的鹽之花Fleur de Sel Camargue。

6、什麼是釀造醬油？

✓ 一般以大豆或黑豆為主要原料，經浸泡、炊煮、接種菌種，培養麴，混合鹽裝入甕緩慢醱酵，藉由酵母菌、乳酸菌將原料所含的蛋白質、醣類等營養成分，分解成小分子的胺基酸、醛、酮或有機酸等呈味成分，經熟成、調煮、殺菌、澄清及過濾。過程約需120～180天，此方法歷時久、費人工、佔空間，價格相對也比較高。

✓ 平價的醬油一般不使用微生物，而改以鹽酸進行水解，利用酸液將植物性蛋白原料加以水解，再經鹼中和、過濾後

調製而成胺基酸液。這種胺基酸液即是俗稱的化學醬油。過程僅需約 5～7 天，也有部分廠商採取介於傳統釀造併用酸水解之做法。這些醬油味道死鹹，缺乏迷人風味。

7、什麼是好的植物油？

✓ 用傳統冷壓方法，將油從種籽裡壓榨出來，未經化學煉製處理的。製作烘焙或點心，肥丁常用冷壓苦茶油和米糠油（玄米油），發煙點較高，適合高溫處理，同時也適合烹調菜餚。肥丁家裡經常擺放 2～3 種油品，混合使用，吸收不同食油的益處。

8、有機無漂白麵粉和普通麵粉有沒有分別？

✓ 烘焙食物要能膨脹鬆軟，需要食材配合。商業製成品有可能會用漂白麵粉、乳化劑、泡打粉等去製造高度和膨鬆的口感。麵粉本身不是純白色的，可是大部分市售的白色麵粉，有很大的機會經過漂白程序，麵粉漂白後營養成分將近流失近 70%。選用不經漂白的有機 Unbleached Organic 麵粉製作點心，比較安心。

9、小蘇打和泡打粉有分別嗎？可以互相取代嗎？

✓ 泡打粉 Baking Powder，也稱「發粉」，成分由小蘇打及幾種酸性化學劑組成，其中一些化學成分，近年被科學界懷疑與老人痴呆症有關，使用過量會造成人體鈣磷比例不均衡，導致鈣質難以被人體吸收。

✓ 小蘇打 Bicarbonate of Soda 是天然的生物鹼性膨鬆劑，與酸性塔塔粉調配，效果和市售的「無鋁泡打粉」差不多，使用時動作一定要快，因為配方只蹍水便會釋放二氧化碳，麵糰完成要立即入爐，不然氣體就跑光了。

✓ 塔塔粉是葡萄酒桶裡自然產生的弱酸性結晶，它來自於葡萄裡的酒石酸。可以平衡蛋白的鹼性，使泡沫潔白穩定體積增大。

10、如何辨認「調溫巧克力」與「非調溫巧克力」？

✓ 包裝標示 80% cocoa，代表這塊巧克力有 80% 的可可塊，其餘的是糖和乳質，可可塊比例純度越高越苦，味道越濃厚。可可脂比例最好在 30% 或以上。不同廠牌的巧克力溶化溫度有差異，調溫時要留意包裝上的說明。

✓ 檢查油脂中的可可脂 Cocoa Butter 的成分，若包裝上沒有標示可可脂，而是椰油或棕櫚油等其他植物油，就是非調溫用的巧克力。這種巧克力不能完全溶於體溫，溶化後不會極致滑順，口感有點蠟。

✓ 肥丁常用 Valrhona 以及 Green&Black's 的巧克力磚。Green&Black's 採用有機可可豆和有機香草製造。Valrhona

法芙娜以精選可可豆品質製作的半成品調溫巧克力，有巧克力業界中的Hermes愛馬仕之稱號。

11、如何保存巧克力？

✓ 巧克力是嬌貴的食品，最適合儲存的溫度在 5 ~ 18℃，若室溫介乎於個溫度，可儲存於陰涼通風處。若放入冰箱，要用塑料袋密封好。剛從冰箱取出的巧克力，切勿立即打開，讓它慢慢回溫至接近室溫，巧克力表面就不會覆蓋一層水氣，影響巧克力的品質。

12、如何挑選及處理肉類及海鮮？

✓ 選擇有機、自由放養、不注射賀爾蒙，不添加劑處理的動物產品，這些質素較好的肉品，可能要花費多一些。製作點心可選擇便宜一點的部位，如豬腿或雞大腿。魚類海鮮，盡量選新鮮的，買回來未用，立即包裝好，進行冷凍，確保冷凍過程沒添加防腐劑。

13、沒有乾燥機，烤箱可以嗎？以上兩種都沒有，怎麼辦？

✓ 無論是乾燥機、烤箱、對流烤箱（光波爐），只要溫度能控制在 40 ~ 50℃，都可以把食材乾燥脫水。兩者的分別是乾燥的空間面積和耗電量，乾燥機本身的設計是長時間啟動的，比烤箱省電，層架多，可一次過脫水大量的食材。烤箱只能放置一兩個層架，面積小，封閉的空間較難散去水氣，一次只能乾燥很小的食材。

✓ 沒有乾燥機或烤箱，可以考慮傳統智慧，太陽日曬，條件是只能在日照良好，天氣乾燥，在陽台或空曠空間進行，潮濕或下雨天不宜製作。天然乾燥脫水的速度較慢，一般需時數天，並要罩上紗網防止小蟲，沒太陽時收起來放入冰箱，乾燥速度依據食物的厚度和空氣的濕度。

14、烤盤布（不沾布）是什麼？

✓ 耐高溫不沾玻璃纖維布，一般俗稱烤盤布，做蛋糕餅乾的基本配備之一，可完全取代鋁箔紙，重複使用不易變形，不沾黏。起司、麵糰都能輕易的剝除。

15、製作糖果一定要用食用溫度計嗎？

✓ 當糖和水加熱溶化後，水分蒸發，糖度變高，隨著加熱時間越長，糖水溫度上升，水分蒸發越多變成濃稠流動性低的糖漿，糖漿冷卻後口感是依據糖漿的溫度而有所不同。簡單來說，糖漿溫度越高，冷卻後口感越硬。製作糖果的溫度要求，一般在 120℃ ~ 150℃之間，目測是非常不準確的，用溫度計作科學的測量既安全又準確。